国家示范（骨干）高职院校重点建设专业优质核心课程系列教材

电子产品原理安装与调试

主　编　刘佳鲁

副主编　鲍　敏

中国水利水电出版社
www.waterpub.com.cn

内 容 提 要

本书根据目前职业教育教学改革的要求，以注重基础、突出应用和技能为特点来设计书中内容。常用电子单元电路分析是本书的理论基础部分；电子技术应用实例、常用电子元器件识读与检测和电子产品安装与调试工艺是本书的应用和技能的实践部分。通过对本书内容的学习，可以使学习者了解如何用单元电路搭建电子产品的结构框架，在懂得原理的基础上掌握电子产品的安装与调试方法。

本书可作为高等职业院校电子技术及相关专业的教材，同时也适合从事电子设计、电子研发等工作的工程技术人员阅读。

本书配有电子教案，读者可以从中国水利水电出版社网站和万水书苑免费下载，网址为：http://www.waterpub.com.cn/softdown/和 http://www.wsbookshow.com。

图书在版编目（CIP）数据

电子产品原理安装与调试 / 刘佳鲁主编. -- 北京：
中国水利水电出版社，2014.3（2017.2 重印）
国家示范（骨干）高职院校重点建设专业优质核心课
程系列教材
ISBN 978-7-5170-1803-2

Ⅰ．①电… Ⅱ．①刘… Ⅲ．①电子工业－产品－安装
－高等职业教育－教材②电子工业－产品－调试方法－高
等职业教育－教材 Ⅳ．①TN05②TN06

中国版本图书馆CIP数据核字(2014)第046577号

策划编辑：石永峰　　责任编辑：张玉玲　　加工编辑：李　燕　　封面设计：李　佳

书　　名	国家示范（骨干）高职院校重点建设专业优质核心课程系列教材 电子产品原理安装与调试
作　　者	主编 刘佳鲁　副主编 鲍　敏
出版发行	中国水利水电出版社 （北京市海淀区玉渊潭南路 1 号 D 座　100038） 网址：www.waterpub.com.cn E-mail: mchannel@263.net（万水） 　　　　sales@waterpub.com.cn 电话：（010）68367658（营销中心）、82562819（万水）
经　　售	北京科水图书销售中心（零售） 电话：（010）88383994、63202643、68545874 全国各地新华书店和相关出版物销售网点
排　　版	北京万水电子信息有限公司
印　　刷	三河市铭浩彩色印装有限公司
规　　格	184mm×260mm　16 开本　10 印张　252 千字
版　　次	2014 年 3 月第 1 版　2017 年 2 月第 2 次印刷
印　　数	2001—3000 册
定　　价	23.00 元

前　　言

到目前为止，没有哪一门技术能像电子技术那样发展得如此之快，其应用之广泛，几乎无处不在。它的应用推动着社会的进步，也改变着人们的生活方式。电子技术的发展是以应用为目的，用以解决生产、生活、医疗、军事、航海、航天及所有人们可以涉足的领域中出现的各种问题。针对解决某一问题研发出的电子产品还需要通过安装和调试才能呈现出成品。电子产品的质量不仅关系到百姓的利益，更关系到国防，特别是航天安全。与电子产品质量相关的因素很多，其中有系统结构的合理性，元器件质量的可靠性，还有在组装过程中操作者的敬业精神和安装调试水平等。

高职高专学校培养的学生将来要面对企业生产一线，所以应当加强专业操作技能方面的学习和训练。对于将要从事自动化控制、电子技术和电子信息技术工作的在校生来说，掌握电子产品结构及原理、电子产品的安装工艺和调试技能是非常必要的。本教材正是出于这种考虑设计了四个方面的内容：电子产品常用单元电路分析、电子产品电子技术应用实例、常用电子元器件的识读与检测和电子产品安装与调试工艺。

设置"电子产品常用单元电路分析"的理由有：①电子产品都是由多个具有不同功能的单元电路组合而成的，只有掌握了单元电路的结构及工作原理才能搞懂整机电路的功能；②与已经学习过的电子技术基础课程有个衔接的过渡。在电子技术基础课程中主要讲解基本概念、基本电路，涉及具体应用方面的内容比较少，而本书所给出的各种单元电路都是从解决问题的角度出发，来讨论电路结构的搭建、参数选择和进行原理分析。

设置"电子产品电子技术应用实例"的理由是想帮助学生建立起电子产品的结构框架，了解局部和整体的关系，学会电子产品的基本分析方法，这对于整体了解把握电子产品的性能，提高电子产品安装调试工作的质量和效率是非常必要的。

设置"常用电子元器件的识读与检测"的理由是，电子器件是组成电子线路的最小元素，无论是从事电子产品的设计还是从事安装调试及维护工作，都需要与它们打交道，因此从业者必须具备对常用电子元器件的识读与检测能力。

"电子产品安装与调试工艺"是电子类生产企业从业人员应具备的基本技能。这是一门既需要一定的基础理论作指导，又要懂得和掌握电子产品中单元电路的安装与调试及整机的安装与调试方法的应用实践性的学习。它将会使学习者感受到掌握电子技术并能够进行应用是可以为社会创造价值，也能够体现自身价值的。

本书由刘佳鲁任主编，鲍敏任副主编。刘佳鲁对本书的编写思路与大纲进行了总体策划、统稿和审稿，并编写前四章，鲍敏编写附录部分。杨俊伟阅读了本书的初稿，并提出了修改意见。

限于编者的水平，书中难免有不足之处，敬请广大读者批评指正，以使本教材更适合职业教育的需要。

编者
2014 年 1 月

目　　录

1

电子产品常用单元电路分析

各种电子产品的内部都会有一个能够维系其工作的电子系统，这个电子系统无论多么复杂，都是由若干个基本单元电路组成的，因此掌握常用的电子单元电路的结构及工作原理就显得非常重要。本章是从实际应用的角度对电子产品常用单元电路的结构及原理进行分析和讨论，同时也涉及实践中的一些技术问题。

1.1 直流电源电路

1.1.1 直流电源概述

直流电源是电子设备工作的动力源，几乎所有的电子线路工作都需要有直流电源的支持。如电子表、手机、数码照相机等。一个电源输出的电压和电流等指标应满足负载的需要。直流负载各有不同，如容量上有大小之分，使用方式上有固定式和移动式，因此，每一种电子产品所配置的直流电源也会有所不同。

1.1.2 直流电源类型及选择

直流电源类型有：干电池、蓄电池、锂电池、镉镍电池、纽扣电池、太阳能电池、整流电源、开关电源等。

电子装置在设计的过程中同时要考虑电源的选择问题。选择直流电源首先要根据负载的使用条件和要求确定电源类型，然后是确定电源的容量等其他性能指标。

目前市场上一些电子产品或电子装置所配置的直流电源如表 1-1 所示。

表 1-1　直流电源列表

电子产品	直流电源类型	电子产品	直流电源类型
手机	锂电池	数码相机	锂电池
电子手表	纽扣电池	笔记本	开关电源+锂电池

电子产品	直流电源类型	电子产品	直流电源类型
光动能电子表	太阳能电池	台式电脑	开关电源
半导体收音机	变压器降压整流电源、干电池	太阳能交通信号灯	太阳能电池/蓄电池
彩色电视机	开关电源	太阳能照明灯	太阳能电池/蓄电池
手机充电器	阻容降压整流电源	有源音箱	变压器降压整流电源

变压器降压整流电源、阻容降压整流电源、开关电源比较见表1-2。

表1-2　变压器降压整流电源、阻容降压整流电源、开关电源比较

直流电源种类	功率、体积	功耗	电源内阻
变压器降压整流电源	可大功率输出 但体积大	大功率输出时 功耗也大	电源内阻小
阻容降压整流电源	小功率输出 体积小	功耗小	电源内阻大
开关电源	同容量的情况下体积比变压器降压整流电源要小许多	大功率输出时 功耗较小	电源内阻小

1.1.3　整流电源应用实践

提出问题　在众多的电子产品中，由于他们功能和性能要求上的不同，对供电电源的要求也不尽相同，如对晶体管收音机来说，它以干电池供电为主，整流电源供电为辅，对于整流电源的要求是电压波形中的交流成分要少一些，防止喇叭中出现交流声，对电压的稳定性不作要求，而对于数字类电子装置来说为了使电路工作性能稳定，对电源电压的稳定性要求较高。另外有些体积较小的电子产品，要求电源的体积也要小，以方便使用或携带，如手机充电器、笔记本电脑等。针对这些不同的要求，必须有针对性地加以解决。

1. 单路输出整流电源

这是一种最简单的整流电源，其结构为：变压器+整流二极管+滤波电容，如图1-1所示。这种直流电源适用于对电源电压稳定性要求不高的负载，如晶体管收音机等。

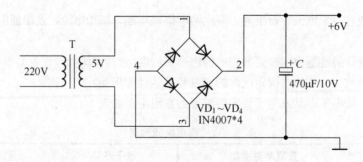

图1-1　单路输出整流电源

输出电压：$U_O = 1.2U_2$

设计一个输出电压为 5V，最大输出电流为 300mA 的直流稳压电源。要求确定变压器容量、整流二极管参数、滤波电容参数等。

（1）确定三端稳压器型号、输入电压（U_I）、输入电流（I'_L），整流滤波电路等效负载输出电压为 5V，最大输出电流（I_D）为 300mA，可选用 W7805（最大电流 1.5A）。也可选用稳 78M05（最大电流为 0.5A），但使用时要加散热片。

7800 系列三端稳压器输入、输出最小压差为 2V，如果取 4V，则输入电压 U_I =9V。W7805 的功耗电流为 I_{Omax}=8mA。

电源变压器的二次电压为：

$$U_2 = \frac{U_I}{1.2} = \frac{9}{1.2}\text{V} = 7.5\text{V}$$

W7805 的最大输入电流为：

$$I'_L = I_{O\max} + I_D = 8 + 300 = 308\text{mA}$$

整流滤波电路的等效负载电阻为：

$$R'_L = \frac{1.2U_2}{I'_L} = \frac{1.2 \times 7}{308} = 29.2\Omega$$

（2）桥式整流二极管参数要求和型号选择。

正向平均电流为：

$$I_F \geqslant 1/2\, I'_L = \frac{1}{2} \times 308\text{mA} = 154\text{mA}$$

最大反向电压为：

$$U_{RM} \geqslant U_{R\max} = \sqrt{2}U_2 = \sqrt{2} \times 7.5\text{V} \approx 10.6\text{V}$$

可以选择硅二极管 1N4001，其额定正向整流电流为 1A，反向工作峰值电压为 50V，满足要求。

（3）滤波电容和其他电容的选择。

滤波电容为：

$$C_1 = \frac{(3 \sim 5)T}{2R'_L} = \frac{3 \sim 5}{2 \times 50 \times 29.2}\text{F} = 1027 \sim 1721\mu\text{F}$$

电容耐压为：

$$U_{CM} \geqslant \sqrt{2}U_2 = 10.6\text{V}$$

可选择 1500μF，耐压值为 25V 的铝电解电容。

电容 C_2 主要改善输入纹波电压，其容量一般取 0.33μF，电容 C_3 可改善负载的瞬态响应，其容量一般取 0.1μF。

（4）变压器容量选择。

变压器二次电流有效值为

$$I_2 = (1.5 \sim 2)I'_L = (1.5 \sim 2) \times 308\text{mA} = 462 \sim 616\text{mA}$$

取 I_2 为 500mA。

输出视在功率为：

$$S_2 = U_2I_2 = 7.5 \times 0.5\text{V} \cdot \text{A} = 3.75\text{V} \cdot \text{A}$$

输入视在功率为

$$S_1 = \frac{S_2}{\eta_T} = \frac{3.75}{0.6} = V \cdot A = 6.25 V \cdot A$$

平均容量为

$$S = \frac{1}{2}(S_1 + S_2) = \frac{1}{2}(3.75 + 6.25) V \cdot A = 5 V \cdot A$$

因此，可以选用容量为 5～8 V·A，一次电压为 220V，二次电压为 7.5V 电源变压器。

2. 正负双路整流稳压电源

大多数运算放大器的供电电源是按正负对称双电源设计的，如图 1-2 所示。这种整流电源的变压器二次线圈需要在总匝数的 1/2 处留有抽头，用于接地。抽头将二次线圈一分为二，和后面的整流、滤波、稳压电路构成对称结构的两个极性相反的整流稳压电路。电路中 LM7809 和 LM7909 分别为正压固定三端集成稳压电路和负压固定三端集成稳压电路，他们各自独立工作，分别输出 +9V 和 -9V，即 $V = \pm 9V$。

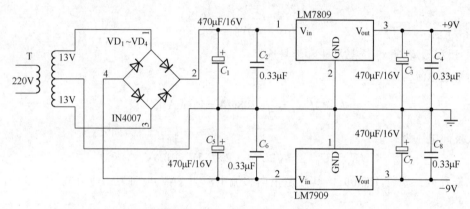

图 1-2　正负双路整流稳压电源

3. 输出电压可调的整流稳压电源

电子设备的直流电源是比较容易出现故障的地方，所以在维修电子设备时往往需要一个自备直流电源。由于不同的电子线路所用的电压不同，所以维修用的直流电源输出电压如果是可调的就较为方便了。图 1-3 是一个输出电压在 1.25～37V 之间可调的直流稳压电源。电路中 CW317 为三端可调集成稳压电路，使用时通过调节 R_2 的阻值来确定输出电压值。

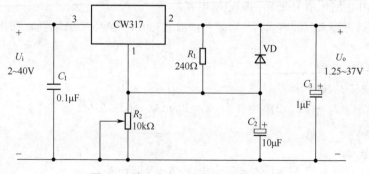

图 1-3　输出电压可调的整流稳压电源

4. 阻容降压整流电源

对于小电流负载可以使用阻容降压整流电源,用电容降压替代变压器降压可以减小电子产品的体积。阻容降压整流电源的内阻比较大,所以它不适用在动态变化大的大电流负载场合,如图 1-4 所示。

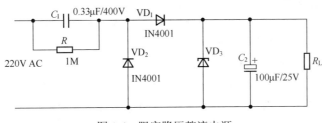

图 1-4　阻容降压整流电源

各元器件的作用是:C_1 为降压电容器,VD_1 为半波整流二极管,VD_2 在市电的负半周时给 C_1 提供放电回路,VD_3 是稳压二极管,R 为关断电源后 C_1 的电荷泄放电阻。

工作原理是利用电容在一定的交流信号频率下产生的容抗来限制最大工作电流。例如,在 50Hz 的工频条件下,一个 $1\mu F$ 的电容所产生的容抗约为 3180Ω。当 220V 的交流电压加在电容器的两端,则流过电容的最大电流约为 70mA。虽然流过电容的电流有 70mA,但在电容器上并不产生功耗,电容降压实际上是利用容抗限流。而电容器实际上起到一个限制电流和动态分配电容器和负载两端电压的角色。下面通过一个例子看一下在这种阻容降压整流电路中,降压电容的容量和负载电流之间的关系。

若已知 C_1 为 $0.33\mu F$,交流输入为 220V/50Hz,求电路能供给负载的最大电流。

C_1 在电路中的容抗 X_C 为:

$$X_C = 1/(2\pi f C_1) = 1/(2\times 3.14\times 50\times 0.33\times 10^{-6}) = 9.65k\Omega$$

流过电容器 C_1 的充电电流(I_C)为:

$$I_C = U / X_C = 220V/9.65k\Omega = 22mA$$

通常降压电容 C_1 的容量 C 与负载电流 I_o 的关系可近似认为:$C=14.5I_o$,其中 C 的容量单位为 μF,I_o 的单位为 A。

5. 倍压整流电源

在一些需用高电压、小电流的地方,常常使用倍压整流电路,如图 1-5 所示。倍压整流,可以把较低的交流电压,用耐压较高的整流二极管和电容器,"整"出一个较高的直流电压。倍压整流电路一般按输出电压是输入电压的多少倍,分为二倍压、三倍压与多倍压整流电路。

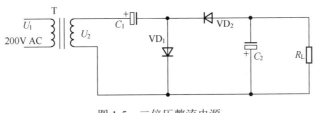

图 1-5　二倍压整流电源

U_2 正半周(上正下负)时,二极管 VD_1 导通,VD_2 截止,电流经过 VD_1 对 C_1 充电,将电容

C_1 上的电压 U_{C1} 充到接近 U_2 的峰值 $\sqrt{2}U_2$，并基本保持不变。U_2 为负半周（上负下正）时，二极管 VD_2 导通，VD_1 截止。此时，C_1 上的电压 $U_{C1} = \sqrt{2}U_2$ 与电源电压 U_2 串联相加，电流经 VD_2 对电容 C_2 充电，如此反复充电，C_2 上的电压就基本稳定在 $U_{C2} = 2\sqrt{2}U_2$ 了。它的值是变压初级电压 U_2 的二倍，所以叫做二倍压整流电路。

6. 开关型直流稳压电源

直流稳压电源分为线性稳压电源和开关型稳压电源，前面所讨论的直流电源均属于线性稳压电源，线性直流稳压电源需要大而笨重的变压器，同时电路所需要的滤波电容的体积和重量也相当大，且在输出较大电流时，电路转换效率低，一般只有 20%～40%，还要安装很大的散热片。这种电源不适合计算机等设备的需要。开关型稳压电源电路中的元件很小，效率可提高到 60%～80%，且自身抗干扰能力强、输出电压范围宽。但由于逆变电路中会产生高频电压，开关电源对周围设备有一定干扰，需要良好的屏蔽及接地。开关型直流稳压电源原理框图如图 1-6 所示。

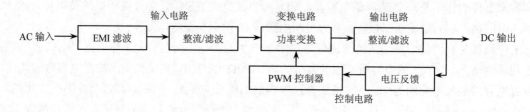

图 1-6 开关型直流稳压电源原理框图

（1）电路各部分的作用。

1）输入电路。

①线路滤波及浪涌电流抑制。将电网中的各种杂波过滤，同时也阻碍本机产生的杂波反馈到公共电网。

②整流与滤波。将电网交流电源直接整流为较平滑的直流电（300V），以供下一级变换。

2）变换电路。利用高频振荡电路将整流后的直流电变为高频交流电（逆变），这是高频开关电源的核心部分。频率越高，体积、重量与输出功率之比越小。

3）输出电路。利用整流、滤波电路将高频交流电变为负载需要的稳定可靠的直流电源。

4）控制电路。一方面从输出端取样，经与设定标准进行比较，然后去控制逆变器，改变其频率或脉宽，达到输出稳定，另一方面，根据测试电路提供的资料，经保护电路鉴别，提供控制电路对整机进行各种保护措施。

（2）60W 宽电压范围开关电源电路分析。

图 1-7 为 60W 宽电压范围开关电源原理图。

此电源的指标为：输入电压为 85～265V（AC），输出为 +12V、5A。这种输入电压为 85～265V 的开关电源在美国、日本等使用 110V 的交流电的国家也都可以使用。

1）电路结构特点。

①电源的控制电路。采用了应用最为普遍的脉冲宽度调制（PWM）方式。TOPSitch-Ⅱ系列单片开关电源是将 PWM 控制系统的全部功能集成到三端芯片中。内含脉宽调制器、场效应功率管（MOSFET）、自动偏置电路、保护电路、高压启动电路和环路补偿电路，通过高频变压器即可实现输出端与电网完全隔离。外部仅需配整流滤波器、高频变压器、漏极钳位保护电路、反馈电路和

输出电路，即可构成反激式开关电源。TOP227Y 输出功率为 90W，内部有完善的过流和过热保护电路。

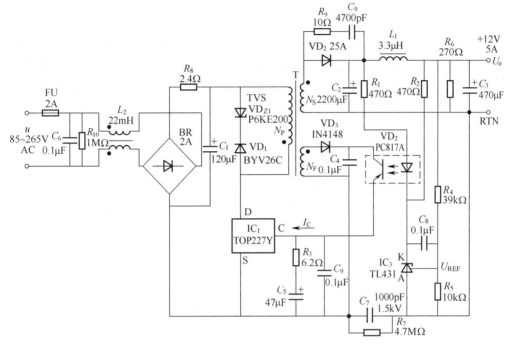

图 1-7　60W 开关型直流稳压电源原理图

②输入滤波电路。输入滤波电路就是 EMI 滤波器，选用电感量为 22mH 的共模扼流圈和 0.1μF 输入差模滤波电容。

③整流滤波电路。整流滤波电路包括工频（50Hz）整流滤波和高频整流滤波。工频整流滤波选用 2A/600V 的整流桥和 120μF/400V 的电解电容。高频整流滤波选用 25A/60V 的肖特基二极管和 2200μF/16V 的电解电容。

④尖峰电压吸收电路。尖峰电压吸收电路采用反向击穿电压为 200V 的瞬态电压控制器 P6KE200 和 BYV26C 型 2.3A/600V 的超快恢复二极管。二次高频整流二极管两端接有 RC 吸收回路，以便减小尖峰电压。

⑤电压反馈电路。电压反馈电路直接关系到开关电源的稳压性能。PC817A 型线性光耦合器和 TL431 型可调式精密并联稳压器组成高精度电压反馈电路，以便提高电源的负载调整率。

2）工作原理。

85～265V 的交流电源 u 首先经过 2A 容丝管（FU）、EMI 滤波器（C_6、L_2），再通过整流桥（BR）和滤波电容（C_1）产生直流高压 U_1，接高频变压器的一次绕组。L_2 为共模扼流圈，能减小电网噪声所产生的巩膜干扰，也能限制开关电源的噪声传输到电网中。R_8 为负温度系数（NTC）限流电阻，刚开机时可限制 C_1 的充电（冲击）电流。漏极钳位保护电路由瞬态电压抑制器（VD_{Z1}）和阻塞二极管（VD_1）构成，可将变压器漏感产生的尖峰电压钳位到安全值。VD_{Z1} 采用反向击穿电压为 200V 的瞬态电压抑制器 P6KE200，选用 BYV26C 型 2.3A/600V 的超快恢复二极管。二次绕组电压通过 VD_2、C_2、L_1 和 C_3 整流滤波，获得 12V 输出电压 U_o。RTN 为输出电压的返回端。R_9 和

C_9 用来抑制 VD_2 上的高频衰减振荡。R_6 为+12V 输出的最小负载，用于提高轻载时的电压调整率。C_7 为安全电容，能滤除一、二次所产生的共模干扰。R_7 和 R_{10} 均为泄放电阻（亦可不用）。

外部误差放大器由 TL431 组成。当+12V 输出电压升高时，经 R_4、R_5 分压后得到的取样电压，就与 TL431 中的 2.5V 带隙基准电压 U_{REF} 进行比较，使阴极 K 的点位降低，光耦合器中 LED 的工作电流 I_F 增大，再通过 IC_2 使控制端电流 I_C 增大，TOP227Y 的输出占空比减小，使 U_o 不变，从而达到到稳压目的。+12V 稳压值是由 TL431 的基准电压（U_{REF}）、R_4、R_5 的分压比来确定。R_1 为 LED 的限流电阻。C_8 为相位补偿电容。反馈绕组 N_F 电压经 VD_3 和 C_4 整流滤波后，供给 TOP227Y 所需偏压。C_5 为控制端的旁路电容，它不仅能滤除控制端上的尖峰电压，还决定自动重启动频率，并与 R_3 一起对控制环路进行补偿。

7. UPS 不间断电源

有些系统工作时不允许停电，否则会造成计算机数据丢失，UPS 电源是一种不间断电源，它能够提供持续、稳定、不间断的交流电，在市电停止供应的时候，能保持一段供电时间，使人们有时间存盘，再从容地关闭机器。UPS 电源现已广泛应用于工业、通讯、国防、医院、广播电视、计算机业务终端、网络服务器、网络设备、数据存储设备等领域。

UPS 电源按工作原理分成后备式、在线式与在线互动式三大类。

（1）在线式。

在线式 UPS（On-Line UPS）的运作模式为"市电和用电设备是隔离的，市电不会直接供电给用电设备"，而是到了 UPS 就被转换成直流电，再兵分两路，一路为蓄电池充电，另一路则转回交流电，供电给用电设备，市电供电品质不稳或停电时，电池从充电转为供电，直到市电恢复正常才转回充电，"UPS 在用电的整个过程是全程介入的"。只要在 UPS 输出功率足够的前题下，可以供电给任何使用市电的设备。

在线式 UPS 在电网正常供电状况下的主要功能是稳压及防止电波干扰；在电网停电时则使用备用直流电源（蓄电池组）给逆变器供电，逆变器将直流变换为交流。由于逆变器一直在工作，因此不存在切换时间问题，适用于对电源有严格要求的场合。

（2）后备式。

后备式又称为非在线式不间断电源（Off-Line UPS），它只是"备援"性质的 UPS，市电直接供电给用电设备也为电池充电（Normal Mode），一旦市电供电品质不稳或停电了，市电的回路会自动切断，蓄电池的直流电会被转换成交流电接手供电的任务（Battery Mode），直到市电恢复正常，"UPS 只有在市电停电了才会介入供电"，不过从直流电转换的交流电是方波，只限于供电给电容型负载，如电脑和监视器。

平时处于蓄电池充电状态，在停电时逆变器紧急切换到工作状态，将电池提供的直流电转变为稳定的交流电输出，因此后备式 UPS 也被称为离线式 UPS。后备式 UPS 电源的优点是：运行效率高、噪音低、价格相对便宜，主要适用于市电波动不大，对供电质量要求不高的场合，比较适合家庭使用。

（3）线上交错式。

线上交错式又称为线上互动式或在线互动式（Line-Interactive UPS），基本运作方式和离线式一样，不同之处在于线上交错式虽不像在线式全程介入供电，但随时都在监视市电的供电状况，本身具备升压和减压补偿电路，在市电的供电状况不理想时，即时校正，减少不必要的 Battery Mode 切换，延长电池寿命。

1.2 放大电路

1.2.1 放大电路概述

放大电路是应用最为广泛的一类电子线路。在电子系统中有许多微弱的信号源，放大电路的作用就是通过放大提升它们的幅值以达到可以利用的程度。放大电路之所以对输入信号具有放大提升的能力，是通过放大器件的控制作用，把直流电源的能量转化为与输入信号一致的输出信号的能量，其实质是一种能量控制作用。

对于不同的电子系统其信号源会各有不同，信号源周围的电磁环境也不尽相同，对放大后的信号的利用也会不同，这样它们对于放大器的性能要求也就会不同。对于某一个电子系统来说，一个好的放大电路首先是要选一个合适的放大器件，然后是以此为核心建立起一个合理的电路结构，三是选择合适的电路参数才可以使其工作在最佳状态。如果一个很重要的电子系统采用了一个性能一般的放大电路，或者是放大电路的制作成本较高，但没有充分考虑信号源的特性，这两种情况都不会有好的结果。因此，在选用放大电路时必须要综合考虑各种因素，以保证电子系统能够高质量工作和尽可能低成本为最佳方案。另外，放大电路的安装和调试水平也会对放大电路的工作产生一定影响。为此，了解和掌握各种典型放大电路的结构、特点及安装调试方法显得非常重要。

1.2.2 放大电路类型及选用

一、放大电路分类

放大电路可以从不同角度来进行分类：按放大器件的形态不同，有分立器件和集成器件之分；按放大器件工作时参与导电载流子的种类不同，有双极型（自由电子和空穴同时参与到电）和单极型（只有一种载流子参与导电）之分；按放大级数多少，有单级和多级之分；按所针对的信号源性质不同，有直流放大和交流放大、小信号放大和大信号放大、高频放大和低频放大之分；按输出信号特征不同，有电压放大和功率放大之分。

二、放大器件的选用

放大电路是以放大器件为核心，因此放大器件的基本性能就决定了放大电路的性能。因此，合理地选择放大器件对整个电子系统非常重要。

1. 三极管的选择使用

尽管集成运放在放大电路的应用中已经占有主导地位，但三极管仍然在很多场合下被使用。对初学者来说掌握三极管的使用还是很有必要的，因为三极管确实能解决很多问题，同时它也是集成运放的基础。三极管的种类繁多，目前市面上除了有国产型号，更多的是国外型号国产化的产品。各半导体器件生产厂商都有自己的产品系列及型号，相互都有性能相近的产品，可以互换使用。所以在实际应用时选择的余地很大，一般是根据不同用途来进行选择。

从电路功耗要求选择时，有小功率、中功率或大功率管；从频率要求选择时，有低频管、高频管或超高频管；从三极管管型选择时，有 NPN 型和 PNP 型管；从输入阻抗要求选择时，有双极型晶体三极管和单极型结型场效应管或绝缘栅场效应管；从耐压要求选择时，有高反压管；从电路的开关特性选择时有开关三极管；从温度稳定性考虑时，凡能使用硅管的地方，都不使用锗管。

三极管的管型即 NPN 或 PNP 的选择可以从三极管的型号来辨别，例如国产管型号代表的意义如下：

3AX 为 PNP 型低频小功率管（锗管）	3BX 为 NPN 型低频小功率管（锗管）
3CG 为 PNP 型高频小功率管（硅管）	3DG 为 NPN 型高频小功率管（硅管）
3AD 为 PNP 型低频小功率管（锗管）	3DD 为 NPN 型低频大功率管（硅管）
3CA 为 PNP 型高频大功率管（硅管）	3DA 为 NPN 型高频大功率管（硅管）

此外有国际流行的 9011~9018 系列高频小功率管，除 9012 和 9015 为 PNP 管外，其余均为 NPN 管。

在选择三极管时一般要同时考虑几种因素，但有些因素有相互制约关系，所以应抓主要矛盾，兼顾次要因素。

低频管的特征频率 f_T 一般在 2.5MHz 以下，而高频管的 f_T 都从几十兆赫到几百兆赫甚至更高。选管时应使 f_T 为工作频率的 3~10 倍。原则上讲，高频管可以代换低频管，但是高频管的功率一般比较小，动态范围窄，在代换时应注意功率条件。

三极管的电流放大能力用 β 来表示，一般希望 β 选大一些，但也不是越大越好。β 太高了容易引起自激振荡，何况一般 β 高的管子工作多不稳定，受温度影响大。通常 β 多选 40~100 之间，但低噪声、高 β 值的管子（如 9011~9015 等）温度稳定性仍较好。另外，对整个放大电路来说还应从各级的配合来选择 β。例如，前级用 β 高的，后级就可以用 β 较低的管子；反之，前级用 β 较低的，后级就可以用 β 较高的管子。

集电极—发射级反向击穿电压 U_{CEO} 应选得大于电源电压（V_{CC}）。穿透电流 I_{CEO} 越小，对温度稳定性越好。普通硅管的稳定性比锗管好得多，但普通硅管的饱和压降较锗管为大（硅管 U_{CES}=0.3V；锗管 U_{CES}=0.1V），在某些电路中会影响电路的性能，应根据电路的具体情况选用。选用晶体管的耗散功率（P_M）时应根据不同电路的要求留有一定的余量。

对高频放大、中频放大和振荡器等电路用的晶体管，应选用特征频率 f_T 高、极间电容较小的晶体管，以保证在高频情况下仍有较高的增益和稳定性。

需要说明的是，由于三极管制造的离散性，即使同一型号的性能也有较大差别，使用时应对其影响电路的参数进行测试。

2. 集成运放的选择使用

集成运放具有体积小、功耗低、可靠性高且安装调试容易等优点，故得到广泛的应用。

由于集成运放在电子系统中扮演着主要角色，所以生产厂商经过多年的努力开发出了种类繁多、性能参数各有所长的不同系列产品，可供给不同情况下的使用，以便满足使用者对性价比要求。一般来讲，选择集成运放的原则是在满足电气特性的前提下，尽可能选择价格低廉、市场货源充足的器件，即选用性能价格比高、通用性强的器件。

（1）如果没有特殊的要求，一般可选用通用型运放，因为这类器件直流性能较好，种类也较多，且价格也较低。在通用运放子系列中，有单运放（μA741）、双运放（LM358）、四运放（LM324）等多个品种。对于多运放器件，其最大特点是内部对称性能好，因此，在考虑电路中需要多个放大器（如有源滤波）或要求放大器对称性好（如测量放大器）时，可选用多运放，这样也可减少器件、简化线路、缩小面积和降低成本。

（2）如果被放大的信号源的内阻抗很大，则可选用高输入阻抗的运算放大器（CA3140），另外像生物信号放大、提取、测量放大电路等也需使用高输入阻抗集成运放。

（3）如果系统对放大电路要求低噪声、低漂移、高精度，则可选用高精低漂移的低噪声集成运放（OP07、OP27），适用于在毫伏级或更微弱信号检测、精密模拟运算、高精度稳压、高增益直流放大、自控仪表等场合。

（4）对于视频信号放大、高速采样/保持、高频振荡及波形发生器、锁相环等场合，则应选择高速宽带集成运放（LM318、μA715）。

（5）对于要求低功耗场合，如便携式仪表、遥感遥测等场合，可选用低功耗运放（TL-022C、ICL7600）；对于需要高压输入/输出场合，可选用高压运放（μA791）。对于需要增益控制场合，可选用程控运放（PGA103A）。

在选用运放时需要注意，盲目选用高档的运放不一定就保证电子系统的高质量，因为运放的性能参数之间常相互制约。如果经过耐心挑选，也可从低档型号中挑选出具有所需某项性能参数的运放。

三、放大电路结构的选择

放大电路的结构是指放大器件在电路中的接法和级数。放大器件在电路中的不同接法及采用的放大级数不同都会对放大器的性能产生不同的影响。

1. 放大电路性能与结构的关系

（1）高放大倍数需要多级放大结构。

为了获得较高的放大倍数就要采用多级放大电路结构。一个电子放大系统通常是由输入级、中间级和输出级构成。输入级与信号源相连接属于小信号放大器，它的主要作用是从信号源处获得尽可能大的无干扰的有用信号；中间级的主要作用是增大有用电压信号的幅度也就是提高电压放大倍数，同时还要抑制其他干扰信号；输出级的作用是产生足够的输出功率以满足负载的需要。

（2）放大电路结构对输入、输出电阻的影响。

放大电路的输入输出电阻是放大电路的重要参数，通常希望输入电阻越大越好，输出电阻越小越好。输入电阻大可以减小信号源的负担，并可以获得较大的输入信号；输出电阻越小，带负载能力就越强。

放大器的输入回路与信号源连接起来后，信号源就作用在放大电路的输入电阻上，信号源的内阻和放大电路输入电阻形成一种串联关系，放大电路要想从信号源处获得尽可能大的输入信号，其输入电阻应比信号源内阻应大 10 倍以上，以减小输入回路的电流，否则会在信号源内阻上有较大的电压损耗，这样会出现放大电路有劲使不出的现象。

放大电路输入电阻的大小首先取决于放大器件本身的特性，另外与放大电路的接法有关。三极管按共地方式有三种接法，如图 1-8 所示。三种接法下，他们的输入电阻是不同的，如表 1-3 所示。

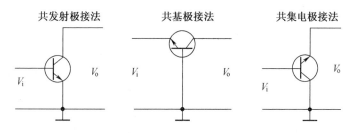

图 1-8　三极管的三种共地方式

表 1-3 三极管放大电路在不同组态时的性能比较

组态	放大倍数 A_V	输入电阻 R_i	输出电阻 R_o	适用场合
共发射极	$A_u = \dfrac{u_o}{u_i} \approx -\dfrac{R_F}{R}$ （较大）	$A_u = \dfrac{u_o}{u_i} \approx -\dfrac{R_F}{R}$ （适中）	R_c （适中）	低频放大
共集电极	$\dfrac{(1+\beta)R'_L}{r_{be}+(1+\beta)R'_L}$ （近似为1）	$R_b // [r_{be}+(1+\beta)R'_L]$ （很大）	$\dfrac{r_{be}+(R_s // R_b)}{1+\beta}$ （很小）	阻抗变换
共基极	$\beta\dfrac{R_C // R_L}{r_{be}}$ （较大）	$R_e // \dfrac{r_{be}}{1+\beta} \approx \dfrac{r_{be}}{1+\beta}$ （较小）	R_C （适中）	高频放大

从表中可以看出共集电极接法的输入电阻最大，输出电阻最小，因此，他多被用来作为输入级和输出级。

放大管的输入电阻还和放大器件有关，双极型三极管的输入电阻比较小（几千欧），这是因为它是电流控制器件（用输入电流控制输出电流）。单极型场效应管的输入电阻极高（可达几百兆～几千兆），这是因为它是电压控制器件（用输入电压控制输出电流）。因此，当信号源内阻较高时应采用场效应管为放大器件。

2. 放大电路稳定性与放大电路结构的关系

我们希望放大电路的工作要稳定，不出现失真等现象，但实际上它的工作是不稳定的，它会受各种因素的影响，其中温度的变化会影响他的静态工作点的稳定，从而会导致输出信号出现失真。在放大电路中引入负反馈可以起到稳定工作点的作用。负反馈不仅可以稳定静态工作点，还可以改善放大电路的动态性能。因此几乎所有放大电路都要引入负反馈。负反馈有不同的类型，对放大电路产生的影响也不同。电压负反馈可以稳定输出电压，这相当于减小了输出电阻（具有了电压源特性）；电流负反馈可以稳定输出电流，这相当于增大了输出电阻（具有了电流源特性）；串联负反馈可以提高输入电阻；并联负反馈可以减小输入电阻；交流负反馈还可以稳定放大倍数、展宽通频带。尽管负反馈会使电压放大倍数被削弱，但可以通过增加放大级数来弥补。

3. 集成放大电路的结构及选择

集成运放在结构上有其特殊性：有两个输入端且这两个输入端内部的偏置电流要由外电路提供；有的还有调零端用于零输入零输出达不到时的人为调零；在电源供给方式上，有用正负双电源供电的也有使用单电源的；输出端的静态工作点的设置与信号源性质和电源结构都有关系。在线性使用时，在其输出端和反相输入端之间必须跨接一个负反馈电阻。由于这些特殊性，在实际使用中能把集成运放运用好也不是一件容易的事情，所以要对集成运放有个深入的了解。

（1）对集成运放的认识。

1）集成运放外端结构及输入方式。

集成运放本身是一个多级直接耦合式放大器，为了克服"零漂"，它的第一级采用了差动放大电路，因此使它拥有两个输入端，这两个输入端与输出端之间在相位上一个是同相关系，另一个是反相关系，因此，这两个输入端就被相应的称为同相输入端和反相输入端。有两个输入端这是运放的一个很大特点，这使它可以放大差模信号并抑制共模信号，增强了抗干扰能力。当然它也可以采用单端输入方式。也就是说运放的输入端和信号源之间可以有三种输入方式：同相输入、反相输入和差动输入。信号源与放大电路有共地端的可以采用单端输入方式，无共地端的采用差动输入方式。

运放的三种输入方式如图 1-9 所示。

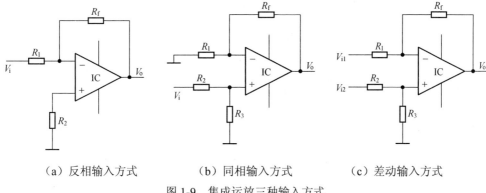

（a）反相输入方式　　　　（b）同相输入方式　　　　（c）差动输入方式

图 1-9　集成运放三种输入方式

集成运放的供电方式是按正负对称双电源设计，但也可以使用单电源供电。采用双电源可以提高输出电压动态范围，但对于便携式电子产品为了减小产品的体积，均选择单电源供电方式。运放的两种供电方式如图 1-10 所示。

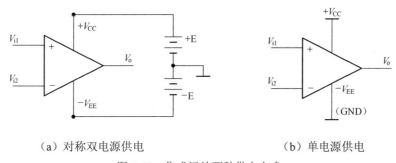

（a）对称双电源供电　　　　　　　　（b）单电源供电

图 1-10　集成运放两种供电方式

2）集成运放基本性能的测试。

为了能够正确掌握集成运放的使用方法，我们可以利用 EWB 仿真工具来对集成运放的基本性能进行测试，如图 1-11 所示。

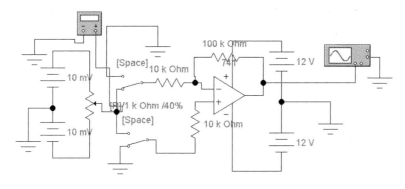

图 1-11　集成运放基本性能的测试

在 EWB 仿真电路中，集成运放选用型号为 μA 741。输入信号为直流，对输入信号的要求是：

输入信号可正负变化，其变化量为毫伏级。这里输入信号由两个 10mV 的直流电源和一个可调电阻组成的信号电路来提供。此电路可以实现直流正负信号放大的测试，输入信号可以在±10mV 之间通过电位器调节。集成运放的输入方式可以是反相输入也可以是同相输入，通过两个开关进行切换。μA 741 的工作电压范围为（±1.5～±15V），图中取±12V。

$$R_F=100k \quad R=10k$$

反相输入放大倍数为 $\qquad A_u = \dfrac{u_o}{u_i} \approx -\dfrac{R_F}{R} \qquad A_u \approx -10$

同相输入放大倍数为 $\qquad A_u = \dfrac{u_o}{u_i} \approx 1+\dfrac{R_F}{R} \qquad A_u \approx 11$

测试时，输入信号分别取 50%、60%、40%，然后观察输出电压极性和数值的变化。

取反相输入：

零输入：取 50%，即 $V_i=-16.57\mu V$，有 $V_o=-0.32mV$（理想情况应为零输入零输出）

负输入：取 60%，即 $V_i=-1.97mV$，有 $V_o=+19.21mV$

正输入：取 40%，即 $V_i=+1.94mV$，有 $V_o=-19.85mV$

取同相输入：

零输入：取 50%，即 $V_i=-17.5uV$，有 $V_o=-0.68mV$

负输入：取 60%，即 $V_i=-2.02mV$，有 $V_o=-22.67mV$

正输入：取 40%，即 $V_i=+1.94mV$，有 $V_o=+21.33mV$

测试结果分析：

- 反相输入时，输出信号与输入信号反相，电压放大倍数近似为 10。
- 同相输入时，输出信号与输入信号同相，电压放大倍数近似为 11。
- 根据输入取 50%的测试结果分析，若输入信号为零时，输出信号不为零，这说明运放的两个输入端参数不完全对称，需要人工调零。
- 采用双电源供电，既可以放大直流信号，也可以放大交流信号，输出信号以电源"地"为参考点。
- 根据测试结果可得到这样一个推断，当采用单电源供电时，放大交流信号会出现失真，即负半周信号得不到放大，为了使输出信号不失真，需要将输出端的静态电位设为 $V_{CC}/2$，即让交流信号以此为参考点；当放大直流信号时，若采用反相输入，输出端的静态值不能为零，否则输出没有响应。
- 放大交流信号时，输出电压的幅值不应超过电源电压（±12V），否则会产生失真。正因为如此，当电源电压和放大倍数都已确定的情况下，输入信号的最大值就被限制在一个范围内。

由于集成运放多用于交流信号放大，为了实现零输入零输出，供电电源是按正负对称双电源设计，但也可以在单电源下工作。如 LM324 的供电方式为（±1.5～±15V）/（+3～+30V），前者是指双电源，后者是指单电源。接下来我们看一下实际应用中使用双电源和单电源的交流放大电路结构。

（2）双电源供电的交流放大电路。

1）双电源同相输入式交流放大电路。

图 1-12 是使用双电源的同相输入式交流放大电路。两组电源电压 V_{CC} 和 V_{EE} 相等。C_1 和 C_2 为输入和输出耦合电容，起隔直通交作用；R_1 使运放同相输入端形成直流通路，内部的差分管得到

必要的输入偏置电流；R_F 引入直流和交流负反馈，并使集成运放反相输入端形成直流通路，内部的差分管得到必要的输入偏置电流；由于 C 隔直流，使直流形成全反馈，交流通过 R 和 C 分流，形成交流部分反馈，为电压串联负反馈。

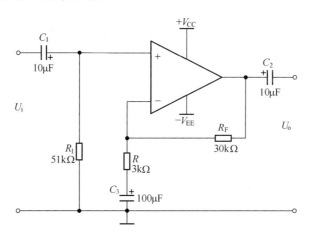

图 1-12　双电源同相输入式交流放大电路

双电源供电时可以以零点为中心正负输出。无信号输入时，运放输出端的静态电压 $V_o \approx 0V$，交流放大电路的输出电压 $U_o=0V$；有交流信号输入时，运放输出端的电压 V_o 可在 $-V_{EE} \sim +V_{CC}$ 之间变化，通过 C_2 输出放大的交流信号，输出电压 u_o 的幅值最大值近似为 V_{CC}（$V_{CC}=V_{EE}$）。引入深度电压串联负反馈后，放大电路的电压增益：

$$A_u = \frac{u_o}{u_i} \approx 1 + \frac{R_F}{R}$$

放大电路的输入电阻 $R_i=R_1//r_{if}$。r_{if} 是运放引入串联负反馈后的闭环输入电阻。r_{if} 很大，所以 $R_i=R_1// r_{if} \approx R_1$；放大电路的输出电阻 $R_o = r_{of} \approx 0$，r_{of} 是运放引入电压负反馈后的闭环输出电阻，r_{of} 很小。

2）双电源反相输入式交流放大电路。

图 1-13 是使用双电源的反相输入式交流放大电路。两组电源电压 V_{CC} 和 V_{EE} 相等。R_F 引入直流和交流负反馈，C_1 隔直流，使直流形成全反馈，交流通过 R 和 C_1 分流，形成交流部分反馈，为电压并联负反馈。为了减小运放输入偏置电流造成的零点漂移，可以选择 $R_1=R_F$。引入深度电压并联负反馈后，放大电路的电压增益为 $A_u = \frac{u_o}{u_i} \approx -\frac{R_F}{R}$，因为运放反相输入端"虚地"，所以放大电路的输入电阻 $R_i \approx R$；放大电路的输出电 $R_o = r_{of} \approx 0$。

（3）单电源供电的交流放大电路。

集成运放可以采用单电源供电，其 $-V_{EE}$ 端接"地"（即直流电源负极），集成运放的 $+V_{CC}$ 端接直流电源正极，这时，运放输出端的电压 V_o 只能在 $0 \sim +V_{CC}$ 之间变化。在单电源供电的运放交流放大电路中，为了不使放大后的交流信号产生失真，静态时，一般要将运放输出端的电压 V_o 设置在 0 至 $+V_{CC}$ 值的中间，即 $V_o=+V_{CC}/2$。这样能够得到较大的动态范围；动态时，V_o 在 $+V_{CC}/2$ 值的基础上，上增至接近 $+V_{CC}$ 值，下降至接近 0V，输出电压 u_o 的幅值近似为 $V_{CC}/2$。

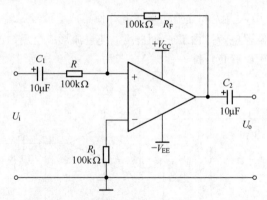

图 1-13 单电源同相输入式交流放大电路

1）单电源同相输入式交流放大电路。

图 1-14 是使用单电源的同相输入式交流放大电路。电源 V_{CC} 通过 R_1 和 R_2 分压，使运放同相输入端电位由于 C 隔直流，使 R_F 引入直流全负反馈。所以，静态时运放输出端的电压 $V_0=V_-\approx V_+=+V_{CC}/2$；$C$ 通交流，使 R_F 引入交流部分负反馈，是电压串联负反馈。

放大电路的电压增益为：$A_u = \dfrac{U_o}{U_i} \approx 1 + \dfrac{R_F}{R}$

放大电路的输入电阻：$R_i=R_1//R_2//r_{if} \approx R_1//R_2$

放大电路的输出电阻：$R_o= r_{of} \approx 0$

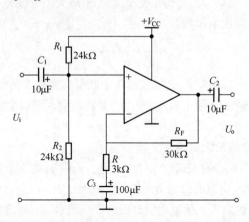

图 1-14 单电源同相输入式交流放大电路

2）单电源反相输入式交流放大电路。

图 1-15 是使用单电源的反相输入式交流放大电路。电源 V_{CC} 通过 R_1 和 R_2 分压，使运放同相输入端电位为：$V_+ = +V_{CC} \times \dfrac{R_2}{R_1 + R_2} = +V_{CC}/2$，为了避免电源的纹波电压对 V_+ 电位的干扰，可以在 R_2 两端并联滤波电容 C_3，消除谐振；由于 C_1 隔直流，使 R_F 引入直流全负反馈。所以，静态时，运放输出端的电压 $V_0=V_-\approx V_+ = +V_{CC}/2$；$C_1$ 通交流，使 R_F 引入交流部分负反馈，是电压并联负反馈。放大电路的电压增益为：$A_u = \dfrac{U_o}{U_i} \approx 1 + \dfrac{R_F}{R}$，放大电路的输入电阻 $R_i \approx R$，放大电路的输出电阻 $R_o= r_{of} \approx 0$。

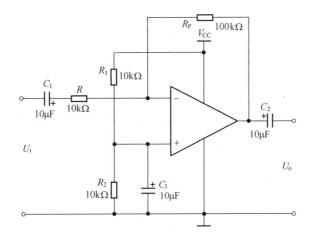

图 1-15   单电源反相输入式交流放大电路

1.2.3   放大电路应用实践

一、关于放大器输入级的选择

提出问题   在初学者的实践中可能会遇到这样的情况，为一个信号源安装了 个放大电路，但在调试时发现放大电路的输出达不到期望值，无论怎样调整参数都没有多大改进。

这是一个放大器输入级选择上的问题。一个放大系统在选择放大电路输入级时，首先要明确信号源的特性。信号源是个广泛的概念，其中包括传感器，如温度传感器、麦克风都是信号源。传感器虽有不同的种类，但它们有一个共同之处就是可以把各种非电量的变化都转换为电量的变化，所以可以把传感器视为信号源。不同的传感器由于它们的物理结构不同，所以呈现的特性也会有所不同，其中一个不同就表现在信号源内阻上。任何一个信号源都有其内阻，一旦信号源的型号被确定，放大电路就要根据这个信号源来进行设计。

现以电容麦克、动圈式喇叭和压电陶瓷片三种信号源为例来选择各自的输入级放大器。这三种信号源都可以将声音变换为电信号，但是他们的内阻各不相同，动圈式喇叭的内阻最小，只有几欧姆至十几欧姆，压电陶瓷片的内阻最大，可达到几百兆欧，电容麦克的内阻居中，一般小于 2 千欧姆。

1. 电容麦克放大器的选择

电容麦克放大器的选择电容麦克是目前用的最多的一种声电转换装置，其内部结构如图 1-16 所示。

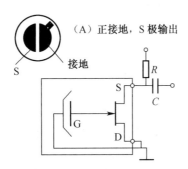

图 1-16   电容麦克内部电路

电容麦克声电转换原理：

电容麦克的基本结构是由一片涂有金属的驻极体薄膜与一个上面有若干个小孔的金属电极（称为背电极）构成。驻极体与背电极相对，中间有一个极小的空气隙。形成一个以空气和驻极体作绝缘介质，以驻极体上的金属层和背电极作为两个电极构成一个平板电容器。由于驻极体薄膜上分布有自由电荷，当声波引起驻极体薄膜振动而产生位移时，改变了电容两极板的距离，从而引起电容量发生变化。由于驻极体上的电荷始终保持恒定，根据公式：$Q=CU$，所以当 C 变化时必然引起电容两端电压 U 的变化，从而输出电信号，实现声—电的变换。由于实际电容器的电容量很小，输出的电信号极为微弱，输出阻抗又极高，可达数百兆欧以上。因此，它不能直接与放大电路相连接，必须连接阻抗变换器。通常用一个专用的场效应管和一个二极管复合成阻抗变换器，经过阻抗变换后，电容麦克的内阻下降至 2 千欧以下。

根据电容麦克的特性，可以采用共发射极接法放大电路，如图 1-17 所示。为了提高音质应采用低噪声三极管 C9014。放大器的输出通过电位器引出送至后级进行再次放大。

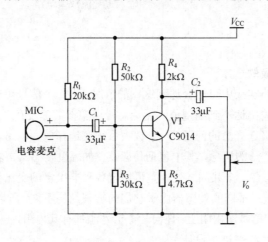

图 1-17　电容麦克放大器

2. 动圈式喇叭放大器的选择

动圈式喇叭本是一种电声转换设备，但他也可以当麦克来使用，其内部结构如图 1-18 所示。

动圈喇叭声电转换原理：

动圈式喇叭在多数情况下是用来发声的，即将音频电流还原出声音，它的发声原理可以用图 1-19 来说明。动圈式喇叭是由发音纸盆、纸盆托架、电磁线圈和永久磁铁等部分构成，使用时将音频电流加入到线圈中，线圈会产生与电流极性相适的电磁场，其强度与电流强度成正比。线圈产生的磁场与永久磁铁磁场相互作用使线圈受力并沿磁铁的轴向产生往复运动，由于纸盆与支撑线圈的圆筒骨架连为一体，所以纸盆也随之产生振动发出声音。但它也可反过来使用，即把它当作麦克来使用，当有声音使纸盆产生共振带动线圈沿磁铁的轴向产生微小移动时，线圈便会切割永久磁铁的磁场，在线圈中会产生感应电势，这样就实现了声电转换。动圈式麦克就是利用这个原理制作的。动圈式喇叭的线圈匝数较少，所以产生的感应电势非常微弱，线圈的阻抗也很小，仅有几欧姆到几十欧姆。当把动圈式喇叭作为麦克使用时，若采用共发射极放大电路，经过测试发现放大电路的放大能力没有发挥出来。但若是采用共基极接法放大电路，结果有所好转。这是为什么呢？这要从放大电路的输入电阻和信号源特性两个方面来分析。首先我们对动圈式喇叭的电压和电流输出能力进行测试，具体做法是用手触碰喇叭的纸盆，然后用万用表的交流电压档和交流电流档分别测试电压和电流，测量结果表明，喇叭的电流输出能力要大于电压输出能力。对于这样一个信号源，放大电路的输入电阻不能太高，否则就会影响信号源电流的进入。而共发射极接法的放大电路输入电阻为几千欧姆，共基极放大电路的输入电阻为几百欧姆，所以采用后者的效果就要比前者好。共基极放大电路如图1-19所示。

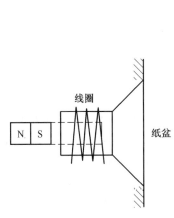

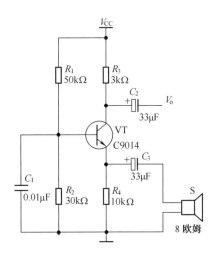

图1-18　动圈式喇叭结构示意图　　　　图1-19　共基极放大电路

3. 压电陶瓷片放大器的选择

压电陶瓷片即是一种电声转换器件（可以用来做蜂鸣器或高音喇叭），又是一种声电转换器件。

压电陶瓷片声电转换原理：

压电陶瓷是一种能将机械能和电能相互转换即具有压电效应的陶瓷材料。

所谓压电效应是指某些介质在受到机械压力时，哪怕这种压力像声波振动那样微小，都会产生压缩或伸长等形状变化，引起介质表面带电（声电转换）。这是正压电效应。反之，施加激励电场，介质产生变形（电声转换），称逆电效应。利用压电陶瓷的正压电效应可以制成振动传感器（测量人体脉搏）或制成声纳传感器（测量水下物体）。利用压电陶瓷片的逆电效应可以制成蜂鸣器和高音喇叭。

压电陶瓷片的结构是在两片铜质圆形片中间放入压电陶瓷介质材料（类似电容结构），两个铜质圆形片即为两个电极。由于压电陶瓷片的两个电极被陶瓷介质隔离，所以其内阻极高（可达数百兆以上），在声波的作用下或两个电极直接受外力作用时，两个电极虽然能产生电场信号，但基本无电流输出能力。它的特性正好和动圈喇叭相反，一个是电流输出能力强，一个是电压输出能力强。如果用"双极型"三极管作为放大器件显然不合适，因为三极管是电流控制器件。在这种情况下应当采用"单极型"场效应管作为放大器件，因为场效应管是电压控制器件，输入电阻极高，工作时基本不需要输入电流。场效应管放大电路如图1-20所示，国产场效应管的型号有3DJ6、3DJ7等。如果输入级采用集成运算大器也必须选用"单极型"的，如CA3140、OP07等。该电路可用于检测人体脉搏的跳动，将压电陶瓷片放在手腕处脉搏跳动的位置用手轻轻压住，此时每当脉搏跳动一次时，输出端就会产生一个电位的变化，再通过整形电路变成标准脉冲后，用计数电路就可对其计数。

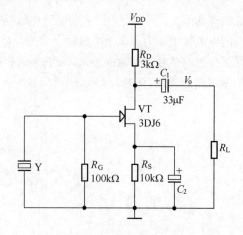

图 1-20　场效应管放大电路

从以上分析我们可以得出结论：如果信号源输出电流的能力大，则要求放大电路的输入电阻要小一些；如果信号源输出电压的能力大，则要求放大电路的输入电阻要大一些；如果需要信号源输出功率最大，则要求信号源所带的负载电阻与信号源内阻实现匹配，即两者阻值相等。

二、关于小信号的放大问题

提出问题　在一个电子系统中，如果需要对某一个物理量（如温度）进行精确控制，而代表这个物理量的电压信号非常微弱（在 10mV 以下），其周围又有较大的共模信号存在，在这种情况下应选用共模抑制比很高的差动放大电路，同时还要求放大电路有极高的输入电阻以减小信号源内部的损耗，具有这样性能的放大电路称为测量放大器，如图 1-21 所示。

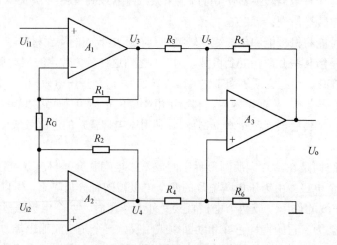

图 1-21　测量放大电路

其总放大倍数为：

$$K = -\left(1 + \frac{2R_1}{R_G}\right) \cdot \frac{R_5}{R_3}$$

测量放大器通常由三个性能一致的运放组成，A_3 为差动放大电路，A_1 和 A_2 是两个同相输入放大电路组成输入级，它们的作用除了具有放大作用外主要是用来提高整个放大电路的输入电阻。这种组合构成了一种具有极高输入电阻的差放电路。为了提高精度，测量放大电路中三个运放的性能要一致，为此可以用集成四运放来实现（如 T084），如果要求更高，可以采用专用集成测量放大器，如图 1-22 所示。

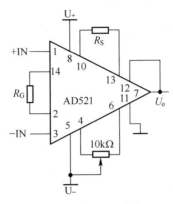

图 1-22　集成测量放大器

测量放大器要做到精确放大必须要进行零输入零输出调试，在 AD521 的电路中是通过电位器进行调零。放大器总的电压放大倍数可按下式进行计算，其放大倍数可以在 1～1000 范围内调整。

$$K = \frac{R_S}{R_G}$$

由图 1-23（a）和（b）比较可以看出两者都是通过热敏电阻将环境温度的变化转换为电信号的变化，但不同的是前者电信号的变化是以"地"为参考点或增加或减少，这种信号如果采用差动放大电路必须把双端输入方式改为单端输入方式，当然也就不能很好地利用差动放大电路的对称性来抑制共模信号。而后者是利用电阻桥电路将温度的变化转换为差模信号，差模信号相对"地"来说一头是增加，另一头是减小，我们已经知道差动放大电路对差模信号具有很强的放大能力，而对共模信号具有衰减作用。

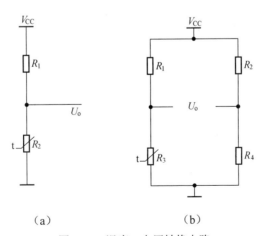

（a）　　　　　　　　　（b）

图 1-23　温度—电压转换电路

总之，测量放大器可以在噪声的环境下放大微弱信号，当信号是差分时，测量放大器利用共模抑制作用将需要的信号从噪声信号中分离出来。测量放大器也称仪表放大器或数据放大器。

三、关于运放输出功率的提升

提出问题 除了功率运放外,普通运放输出的功率是有限的(一般电流在 10mA,电压在±12V左右)。有什么办法在不使用功率运放的情况下能让运放输出功率有一定的提升,以满足负载的需要。此时我们可以用两个三极管即可解决问题。

如图 1-24 所示。在运放的输出端接了一个互补射极跟随电流提升器,可以提升输出电流达到 100 mA 以上。

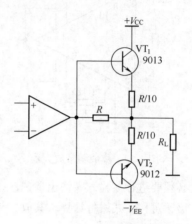

图 1-24　运放输出功率的提升

1.3　振荡电路

1.3.1　振荡电路概述

从能量的角度来讲振荡电路是一种能量转换电路,即可将直流电能转换为交流电能,相对于整流原理来说它是一种逆变过程。工频电的频率 50Hz 是固定不变的,而振荡电路的工作频率可以根据需要改变。振荡电路有许多用途,在电子琴中,振荡电路通过输出不同频率、不同波形的电流,可使喇叭发出不同音调和不同音色的声音。振荡电路也是各种无线电收发设备、雷达射频电路中非常重要的组成部分。

1.3.2　振荡电路类型及选择

振荡电路是一种不需要外来输入信号激励就可以产生交流输出的电路。按输出波形不同可分为正弦波振荡器和非正弦波振荡器。

正弦波振荡器的基本结构:放大器+正反馈+选频网络(RC 或 LC)。

非正弦波振荡器的基本结构:放大器+正反馈。

正弦波振荡器通常用在无线电收发设备中,如在无线电发射设备中利用正弦波振荡器产生高频载波信号;在超外差无线电接收设备中用正弦波振荡器产生"本振"信号。正弦波振荡器的另一个用途就是可以作为电路测试用的信号源,如低频信号发生器。非正弦波振荡器输出的波形有多种,常用的有矩形波、三角波和锯齿波,在数字电路中的 CP 脉冲多采用矩形波。

1.3.3 振荡电路应用实践

提出问题 振荡电路似乎是一个很神秘的电路，它既能使喇叭发出各种声音，又能产生用于电子表计时的基准秒脉冲信号，还能将几伏的直流电转换为几十伏或上百伏的高压脉冲用于电子针灸或警用电棍。实际上组成一个振荡电路并不难，仅用几个元器件就可以组成一个能使喇叭发音的振荡电路。

1. 用 NPN+PNP 双管组成的音频振荡电路

音频信号是我们人耳能够听到的声音信号，其频率范围在 20Hz～20kHz 内。用喇叭作为音频振荡电路的负载，可以使其发出用于报警的音响。用 NPN、PNP 两个三极管可以组成一个非正弦振荡电路，如图 1-25 所示。

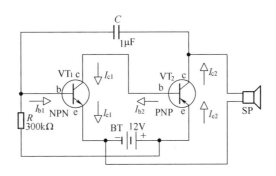

图 1-25 音频振荡电路

电路构成的原则是：放大电路+正反馈。为此我们先建立一个两级放大电路，然后再引入正反馈电路。

（1）先确定前后级及其连接关系。

如图 1-26 所示，VT$_1$ 为前级即输入级，VT$_2$ 为后级即输出级。两级间的连接必须保证三极管各极电流与电源极性一致，这样才可以保证电路在放大状态下进行信号的传递。

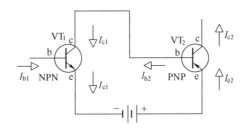

图 1-26 前后级连接

（2）建立输入回路。

三极管的电流放大作用就是用基极电流控制集电极电流，所以输入级的基极必须要有一个回路，图 1-27 中的电阻 R 从电源的正极为 VT$_1$ 的基极引入电流（偏流），这样就形成了输入回路。

（3）建立输出回路。

电路如图 1-28 所示。放大电路的输出级一定要带负载。这里用 8Ω 喇叭作为负载，喇叭的一端接在 VT$_2$ 的集电极，另一端接电源负极，这样就构成了输出回路。到目前为止，放大电路已经接好，但电路中的电流均为直流量，喇叭不会发出音响。要想使电路中的电流动起来，就必须引入正反馈。

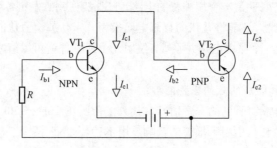

图 1-27　建立输入回路

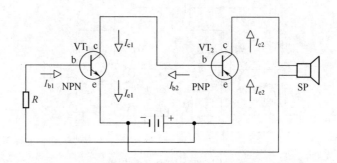

图 1-28　建立输出回路

（4）建立正反馈电路。

在输出回路和输入回路之间跨接一个电容器 C，这就是正反馈电路，如图 1-25 所示。反馈的极性可以用瞬时极性法来判断。电容 C 只对交流量的变化产生反馈。由于电容两端电位不同，电容中会有充电或放电电流通过，这样就给输入级提供了动态激励信号使电路起振，经过放大和再反馈的不断重复，使电路的振荡得以维持，这样喇叭便可以发出连续的声音。改变电阻或电容参数，可以改变振荡频率，音调也随之改变，利用这个原理可以制作一个简易电子琴。另外，也可以对这个电路稍加改动，在电源回路中增加一个"电键"，可成为一个摩尔斯电码练习器，有规律地按下电键，便可产生"滴滴嗒嗒"的发报声音。

按图 1-25 用 EWB 做仿真如图 1-29 所示。

2. 用 NPN+NPN 双管组成的多谐振荡电路

在上述的振荡电路中采用 NPN+PNP 组合是一种极性互补的串联结构，若采用 NPN+NPN 组合也是可以的，但必须采用并联结构，如图 1-30 所示。所谓并联是指两个三极管采用对称式连接，即两个三级管的集电极都可以作为输出端，也就是说两个三极管不分输入级和输出级，两者相互提供输入信号，所以这里看不到通常说的正反馈电路。电路之所以也能产生振荡，其原因是由于电路中的两个电容所起的作用。这两个电容将两个独立的三极管联系了起来，使两个三极管互为输入、输出级。每个三极管集电极电位的变化都会通过电容影响到另一个三极管的基极。由于集电极和基极电位不等，电容就会有充电和放电过程，正是由于这种充放电使得两个三极管的基极电位在高低之间不停地变化，两个三极管的工作状态也就会在截止和饱和之间交替变化，即当 VT_1 饱和及其集电极输出低电平时，VT_2是截止的，其集电极输出高电平。这样电路就产生了振荡。在两个三极管的集电极回路中各串接一个 LED 发光二极管，这样他们可以交替闪亮。

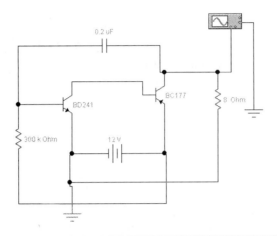

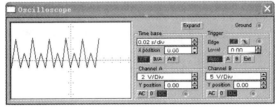

图 1-29　EWB 仿真电路

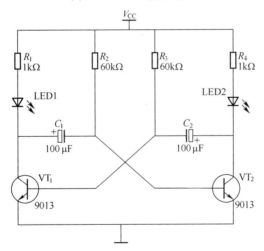

图 1-30　多谐振荡电路

由于三极管工作在开关状态，所以输出波形近似为矩形波，因此，这种振荡电路也称为多谐振荡电路。

振荡电路的频率可按下式计算：

$$f = \frac{1}{T} = \frac{1}{1.4R_B C}$$

如果在两个集电极回路中各自接一个发光二极管，电路工作时这两个发光二极管会交替闪亮。

3. 用一个运放组成的振荡电路

用运放组成振荡电路非常简单，在放大状态的基础上，再接入正反馈即可，如图 1-31 所示。具体做法是：在输出端与反相输入端和同向输入端之间各接入一个反馈元件 C_1 和 C_2，前者为负反馈，后者为正反馈，然后将两个输入端通过电阻接地。负反馈是保证运放处于线性工作状态，正反馈是为输入端提供激励信号。两个反馈元件均为电容，全部是交流反馈。振荡输出为方波，如果在输出端加一个积分电路，又可以获得三角波输出。

按图 1-31 用 EWB 进行仿真电路及输出波形如图 1-32 所示。

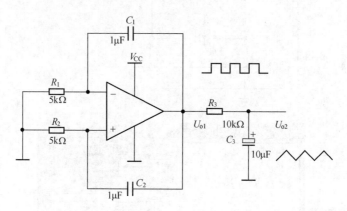

图 1-31 方波、三角波振荡电路

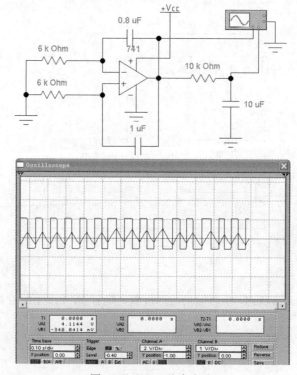

图 1-32 EWB 仿真电路

1.4 定时器电路

1.4.1 定时电路概述

定时电路通常用来对负载的工作时间进行控制。如声控节能灯在触发后的点亮时间就是由定时电路来控制的。还有微波炉、烤箱、洗衣机等家电产品也都需要定时控制。定时电路可以分为模拟定时器和数字定时器两类。定时器的定时时间可以根据需要进行设定，对于模拟定时器来说，通常是通过改变电容、电阻参数来设定时间；对于数字定时器来说，是通过输入数字来设定时间。

1.4.2 定时电路类型及选择

1. 模拟定时器

模拟定时器通常由阻容元件和控制电路组成。阻容元件可以对信号产生延时作用，其原理如图 1-32 所示。控制电路的作用是对电容器的充放电时间进行控制。控制电路可以由三极管或 555 集成电路构成。

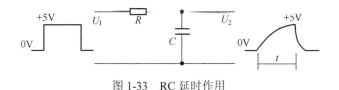

图 1-33 RC 延时作用

（1）三极管分立元件定时器。

电路如图 1-34 所示，本电路由触发按钮、三极管放大和 RC 延时以及三极管开关电路构成的延（定）时电路。VT_1 和 VT_2 组成直接耦合两级放大电路，VT_3 构成开关电路。当没有人按下按钮时，由于基极开路，VT_1 和 VT_2 处于截止状态，因此 VT_3 也截止，LED 灯中无电流通过不发光。当人手按下按钮 S 时，有电流进入 VT_1 的基极使其迅速导通并将此电流放大后驱动 VT_2 饱和导通使 VT_2 集电极电位降为低电平，使 VT_3 也随之导通，LED 中因有电流流过而发光。在 VT_2 瞬间饱和导通的同时，集电极电流对电容 C 快速充电至接近 12V。当按钮复位后 VT_1 和 VT_2 又回到截止状态，但电容两端电压不能突变，VT_3 的基极继续保持为低电位，LED 继续发光。此时电容 C 的放电回路有两个，一个是 R_4 回路，另一个是 R_5、VT_3 回路。由于这两个放电回路的电阻都比较大，所以电容放电较慢，VT_3 可以在一段时间内保持导通状态，因此 LED 就可以继续发光直到电容将储存的电荷放完为止。改变电容容量或 R_4、R_5 的阻值可以改变电容的放电速度，也就可以改变 LED 发光的时间长短。

（2）555 集成电路定时器。

电路如图 1-35 所示，555 电路是模拟电路和数字电路的组合体，具有很灵活的应用。其中单稳工作状态就是一个定时电路。由于电路的集成化，所以组成定时电路也非常容易。555 电路的②、⑥脚分别为"置 1"、"置 0"输入端，③脚为输出端。②脚的"置 1"作用就是让③脚输出为"1"，即高电平；⑥脚的"置 0"就是让③脚输出为"0"，即低电平。②脚为低电平有效，⑥脚为高电平有效。⑦脚内部是一个开关三极管的集电极，它的发射极接地，导通时外面的电容可以通过三极管对地放电，截止时，电容就处于充电状态。④脚为强迫复位端，低电平有效，即该脚为低电平时，③脚输出端处于"0"态。电路中由 R_2 和 C_1 的参数决定定时时间。R_1 为上拉电阻。

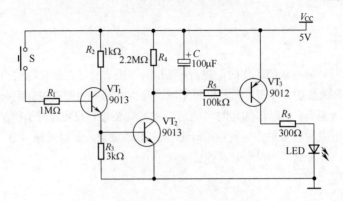

图 1-34　三极管定时器

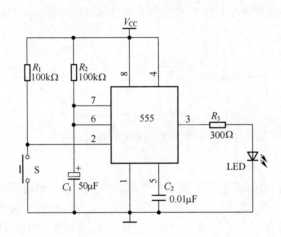

图 1-35　555 定时器

其工作原理是：电路通电后 555 处于置"0"状态，LED 灯不亮，此时⑦脚也为低电平，电容不能被充电。如果此时按下按钮 S，②脚获得低电平触发信号使 555 电路置"1"，LED 灯立即被点亮。此时⑦脚变为高电平，电容便开始充电，当电容上的充电电压达到⑥脚要求的高电平时，555 电路被置"0"，LED 灯熄灭。该定时器的定时时间可按下式计算。

$$t_d = 1.1 R_2 C_1$$

2. 数字定时器

数字定时器电路的基本结构如图 1-36 所示。其中拨码开关用于时间设定（给定），振荡器用于产生基准时间信号，计数器用于累计负载工作时间，数值比较器用于将给定时间和实时时间进行比较，在定时器开始启动时，负载即开始工作，同时计数器计数，当计数器计数值与给定值相等时，数值比较器向负载驱动电路发出信号，负载停止工作。

1.4.3　555 定时电路应用实践

提出问题　由于 555 电路的特殊结构使其具有多种不同的应用，而且具有电路结构简单，易调试等优点。但在实际应用中有时还需要关注一些细节问题，如 555 电路的负载能力如何、能否实现长延时及采用何种触发方式等。

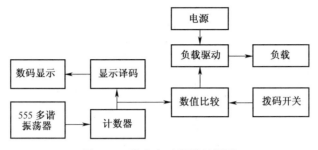

图 1-36　数字定时器原理框图

1. 关于 555 电路的带负载问题

555 电路按其内部使用的器件类型不同分为双极型和 CMOS 两类。双极型 555（如美国仙童公司的 NE555、美国无线电公司的 LM555）带负载能力强，最大输出电流为 200mA，可直接驱动小电机，喇叭、继电器等负载；而 CMOS 型 555（如日本日立的 HA7555、日本东芝的 TA7555）输出电流较小，一般仅为 1～3mA（当电源电压 V_{DD} =5V）。当负载需要大电流输出时，需要增加电流驱动，如图 1-37 所示。

2. 关于延长 555 定时电路的定时时间问题

555 定时电路定时时间可由式 $t_d=1.1RC$ 来进行如下计算：

当 R=1M，C=1μF，t_d=1s；（电阻单位为Ω，电容单位为 F）

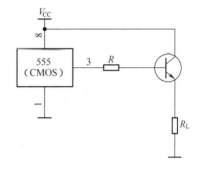

图 1-37　提升 555 输出断流

当 R=1M，C=10μF，t_d=10s；

当 R=1M，C=100μF，t_d=100s。

如果为了提高定时时间，可把电阻取大，但电阻越大误差也越大；如果把电容取大，其漏电流也越大，这两种情况都会影响定时精度。为此可以采用图 1-38 所示电路。该电路是在 555 的⑤脚和电源之间接一个二极管，这样把⑤内原来的电位 2/3V_{CC} 拉高到 V_{DD}−0.7=11.3V，这就使得阈值电平也提高到 11.3V 以上，因而使电容 C 的充电时间大大延长，即在相同 RC 时间常数下使定时时间加大了几倍。按图 1-38 中给出的参数，定时时间最长可达 73 分钟。

3. 关于 555 定时电路的触发问题

定时器的触发方式取决于它所在电路的用途，如用在节能灯上，一般是采用声控触发，如图 1-39 所示。555 定时电路也可采用红外线光电开关来产生触发信号，如图 1-40 所示。红外线发光二极管和红外线接收三极管放在同一侧，当人体靠近它们时，人体将红外发光二级管发出的红外光反到接收三极管上，三极管的状态由截止变为饱和，集电极电位由高电平变为低电平，触发 555 电路置"1"。

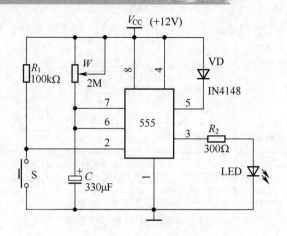

图 1-38　长延时定时器

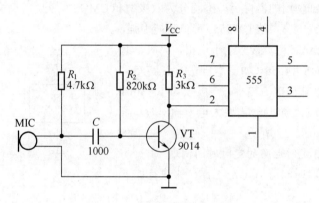

图 1-39　声控触发定时器

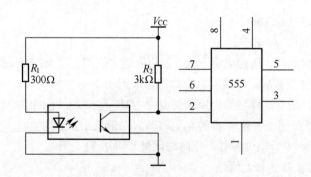

图 1-40　光触发定时器

4. 关于 555 电路的工作电源的选择

　　双极型 555 的工作电源为 4.5～15V，CMOS 型 555 的电源为 2～18V。在使用时，两者均可以满足 TTL 型和 CMOS 型数字电路的电平要求。但前者的功耗大于后者，电子产品如果采用电池供电时，应选用 CMOS 型 555 电路，因为 CMOS 电路功耗低。

1.5　电压比较电路

1.5.1　电压比较电路概述

　　电压比较电路起着比较两个电压信号的作用，常用于检测和自动控制电路中。如空调设备对室内温度的调节过程是这样：先确定一个给定温度，即通过面板上参数设定产生一个电压作为给定信号，另一个电压信号是由温度传感器产生，它的大小反映了室内的实际温度。电压比较的目的是决定压缩机的工作状态：启动制冷或停止制冷。电压比较器可以有两种接法，如图 1-41 所示。在（a）图中，反相输入端 V_- 作为给定端，同相输入端 V_+ 作为外来信号输入端。在（b）图中的接法与（a）相反。两个电路虽接法不同，但工作原理都遵循如下关系：

$$V_+ > V_-　　V_o = \text{“1”（高电平）}$$
$$V_+ < V_-　　V_o = \text{“0”（低电平）}$$

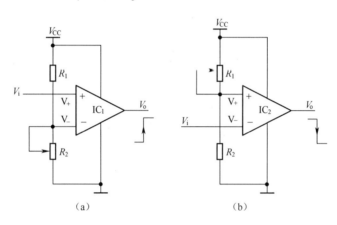

图 1-41　电压比较器的两种接法

1.5.2　电压比较器的类型及选用

　　集成运算放大器除了用于放大还可以组成电压比较器（前者是线性应用，后者是非线性应用）。在有些场合要求对某一物理量进行精确控制时，应采用专用的精密电压比较器，所谓精密电压比较是指分辨率可以做到毫伏级。

　　LM324 为通用四运放，可用于控制精度不高的电路中作电压比较器。

　　LM339 为精密四电压比较器，即专用电压比较器，控制精度高，但他是 OC 门输出（即集电极开路），使用时输出端要外接一个 $10\text{k}\Omega$ 左右的上拉电阻。

1.5.3　电压比较电路应用实践

　　提出问题　由于运放有两个输入端所以很容易组成电压比较电路。两个输入端一个是加给定电压信号，另一个是加被控对象信号。哪一个作为给定端需要看比较器后级电路的输入要求，即是高电平有效还是低电平有效；给定电压信号的大小要根据被控对象的门限值来确定。如果对被控对象有双向限制，应采用窗口比较器。

1. 直流电动机过载保护电路中的电压比较器

电路如图 1-42 所示。直流电动机的工作电流如果超过其额定电流时就称为过载，当过载严重时就将烧坏电动机，所以为了防止电动机因过载而烧坏，在电路设计时都要增加过载保护电路。图中 M 为直流电动机，KA 为直流继电器常开触头，R_1 为过载电流取样电阻（其阻值很小，一般取 0.01Ω左右），IC、R_2、R_3 组成电压比较器。电路工作原理：

（1）过载保护要求。在人为操作下让继电器线圈得电，其常开触头 KA 闭合，当电动机出现过载时要求保护电路动作，使 KA 断开。

（2）关于取样电阻上的电压。电动机正常工作时的工作电流在取样电阻 R_1 上的压降很小，一旦出现过载，R_1 上电压就会急剧增加。

（3）关于给定电压的设定。给定电压要参照过载时 R_1 上的电压来设定，如过载时 R_1 上的电压接近 0.2V，那么给定电压可设在 0.2V 左右。

（4）比较器的工作情况分析。电动机正常工作时，由于 $V_+ < V_-$，故输出为 V_o = "0"；当电动机出现过载时有 $V_+ > V_-$，输出则为 V_o = "1"，此信号可以通过其他电路让继电器 KA 电磁线圈断电使其处于闭合状态的常开触头断开，达到切断电动机工作电源的目的。

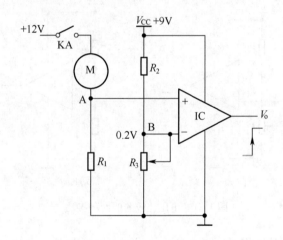

图 1-42　电动机过载保护电路

2. 温度自动控制设备中的窗口比较器

空调是一种典型的温度控制设备，夏天可制冷，冬天可制热。他是利用温度传感器检测出室内的实际温度并转换为相应的电信号，与给定温度（电压）值进行比较，比较后的结果通过执行机构对制冷/制热装置进行控制，使温度维持在某一个范围内。电路如图 1-43 所示。窗口比较器就是用两个电压比较器组成双限比较器，I_{C1} 用于上限温度比较，上限的给定温度电压为 V_a；I_{C2} 用于下限温度比较，下限给定温度电压为 V_b。NTC 为热敏电阻，它具有负的温度系数，即温度升高时阻值变小，反之阻值增大。若温度变化时，V_i 也就随其变化。当 V_i 超过上限给定 V_a 时，I_{C1} 输出 V_{o1} 由低电平变高电平，此信号可以启动制冷系统开始工作；当 V_i 低于下限给定 V_b 时，I_{C2} 的输出 V_{o2} 由低电平变为高电平，该信号可以停止制冷系统工作。这里 V_b 和 V_a 称为窗口电压，电路中的温度控制范围可以通过调节 R_1 和 R_3 的阻值来确定。

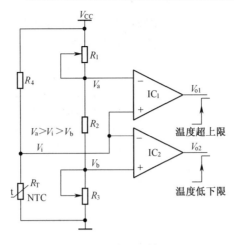

图 1-43　窗口比较器

1.6　开关电路

1.6.1　开关电路概述

凡是能够通断电路的器件都可以称为开关,开关分为有触点开关和无触点开关。前者是机械式,后者是电子式。电子开关具有寿命长、开关速度快、无噪音等优点。二极管和三极管是最简单的电子开关,它们是利用其工作状态来控制电路的通断。由电子开关元件组成的电路通常称为开关电路。

1.6.2　电子开关元件类型及选择

二极管的开关特性是基于 PN 结的单向导电性,正向导通相当开关闭合,反向截止相当开关断开。在电路中二极管的工作状态取决于偏置电压的极性,当偏置电压极性发生变化时,其工作状态就随之发生变化:从正向导通转变为反向截止或反之。为了提高开关速度,要求 PN 结的面积要小以减小电容效应,所以开关二极管的体积都比较小,如 1N4148。

三极管的开关特性是基于截止和饱和这两种工作状态,通过对基极电流的控制可以使其在这两种状态之间转换。当基极电流较大时三极管进入饱和状态,形成较大的集电极电流,此时相当于开关闭合;当基极电流为零时三极管进入截止状态,集电极电流为零,此时相当于开关断开。三极管的开关速度与其频率特性有关,它表示每秒钟可通断的次数。在选择时不可超过它的最高频率。

开关三极管的外形与普通三极管外形相同,因功率的不同可分为小功率开关管和大功率开关管。常用的国产小功率开关管有 3AKl-5、3AKll-15、3AKl9-3AK20、3AK20-3AK22、3CKl-4、3CK7、3CK8、3DK2-4、3DK7-9 等,国外产品有 8050(NPN)、8550(PNP)等。国产常用的大功率开关管有:3AK5l-56、3AK61-3AK66、3CK37、3CKl04-106、3CK108-109、3DKl0-12、3DK35、3DK32、3DK36-37 等。国外产品有 2SD1556、2SD1887、2SD1455、2SD1553、2SD1497、2SD1433、2SD1431、2SD1403、2SD850 等。

另外,还有一种高速电子开关器件,型号为 TWH8778,如图 1-44 所示,它是一个具有五个管脚的开关,有输入端、输出端和控制端。TWH8778 主要特点:输出电流大,24V 时为 1A。电源输入级设有完善的自动过压保护电路。有输出限流电路，能将输出负载电流自动限制在 1A 左右。开关压降小，约 0.5V/1A。电路的控制端可直接与 TTL、CMOS 电路连接。自动恢复的热保护功能。静态功耗很小，负载切断时仅 50μA。有效工作频率达 15kHz。

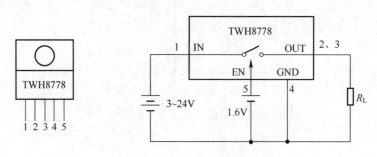

图 1-44　TWH8778 管脚图及工作原理

1.6.3　开关电路应用实践

提出问题　开关器件组成的电路称为开关电路，既然是"开关"，工作时就不能拖泥带水，要么导通，要么截止。二极管作为开关时要注意极性的正确连接，三极管作为开关时要注意导通条件和截止条件。

1. 二极管的隔离作用

二极管的开关作用常体现在隔离作用方面。图 1-45 是一个能产生"嘀、嘀、嘀"提示音的电路。电路采用四个 CMOS 反相器组成两个多谐振荡器，其中 G3、G4 组成音频多谐振荡器，G1、G2 组成低频多谐振荡器。而之所以要用低频振荡器控制音频振荡器的目的是要求产生"嘀、嘀、嘀"这种音效。如果音频振荡器独立工作不受低频振荡器控制，它产生的声音是连续的"嘀……"，这不适合作提示音。从两个振荡器输出的波形看，当 A 点为高电平时，音频振荡电路起振工作，喇叭产生一个短促"嘀"的声音；当 A 点为低电平时，音频振荡电路停振，喇叭无声音输出。用低频振荡电路控制音频振荡电路会使其产生间歇振荡。那为什么要在两个振荡器之间接一个二极管呢？这就需要先简单了解一下这种振荡器的工作原理。音频振荡器在工作时它的输入端 B 点的电位是在 $1/2V_{dd}$ 上下变化，如果 $V_B = 0$ 或 $V_B = V_{dd}$，电路就要停止振荡，所以不能将低频振荡的输出端 A 点直接接在 B 点上。串一个二极管后就可解决这个问题，此时当 A 点为高电平时，二极管处于反向偏置被关断，B 点电位不受影响，音频振荡电路正常工作；而当 A 点为低电平时，二极管正向导通后将 B 点拉到 0V，音频振荡电路停振。在此二极管作为电子开关起到隔离作用。

2. 三极管的开关应用

三极管作为开关常被用来控制发光二极管或直流继电器。

（1）三极管控制发光二极管。

发光二极管（LED）是一种点状发光器件，在电子设备中常用来显示当前的工作状态，如用红色 LED 表示设备处于断电停止工作状态；用绿色 LED 表示设备处于工作状态。用三极管控制发光二极管电路如图 1-46 所示。发光二极管和普通二极管一样只有在加正向电压时才导通，使用时用三极管输入的开关信号来进行控制，对于 NPN 管来说输入高电平时，三级管导通 LED 被点亮，输入低电平时三极管截止 LED 熄灭。三极管的工作状态就是在截止和饱和之间转换。在输入信号高电平数值一定的情况下，三极管能否饱和与电阻 R_1 的取值有关，R_1 取值过大，三极管达不到饱和状态，但取值过小又会使基极电流过大造成三极管过热损坏。电阻 R_1 的计算方法是：先确定三极管集电极饱和电流 I_{CS}。在这里集电极饱和电流就是 LED 的正向发光电流，该电流可以有一个范围，其大小与发光亮度有关，一般在 10mA 左右。然后按式 $I_{BS} = \dfrac{I_{CS}}{\beta}$ 计算出基极饱和电流 I_{BS}，最后按式 $R_1 = \dfrac{V_i - V_{BE}}{I_{BS}}$ 计算出 R_1 所需数值。R_2 是 LED 的限流电阻，其大小可以控制 LED 的亮度，R_2 取值过小时虽然 LED 会很亮，但容易损坏。R_2 的取值可按式 $R_2 = \dfrac{V_{CC} - V_{CES} - V_D}{I_D}$ 计算，其中 V_D 为 LED 的管压降，一般为 2V 左右；I_D 为 LED 的正向发光电流；V_{CES} 为三极管饱和压降，一般取 0.3V。

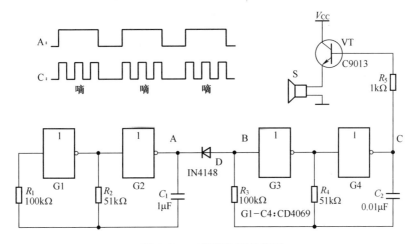

图 1-45　二极管的开关作用

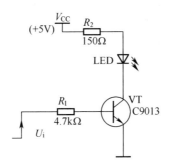

图 1-46　三极管的开关作用

（2）三极管控制直流电动机正反转。

现代轿车门窗玻璃的升降都是用直流电动机作为动力，电动机正转时玻璃做上升运动，反转时玻璃做下降运动。用三极管控制直流电机正反转电路如图 1-47 所示。直流电动机工作电源为 12V，通过四个开关三极管对电机电流方向进行切换，从而可以实现电机转向控制。若当 VT_2 和 VT_3 导通时电机为正转，则 VT_1 和 VT_4 导通时电机就变为反转。两组三极管的工作状态用开关 SW 控制，当 SW 搬向左侧时，VT_3 饱和后使 VT_2 也饱和，两个三极管导通后电机正转；当 SW 搬向右侧时，

VT$_4$ 和 VT$_1$ 饱和导通，电机反转。

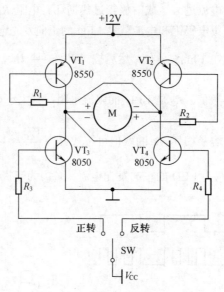

图 1-47　电动机正反转控制

1.7　驱动电路

1.7.1　驱动电路概述

　　在电子系统中控制信号都比较微弱，不能直接控制负载，通常是用控制信号控制驱动电路，驱动电路再去控制执行器，如继电器或电磁阀，继电器的触点可以控制大电流、大电压负载，电磁阀可以开闭气路或水路，原理如图 1-48 所示。

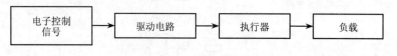

图 1-48　驱动电路原理框图

1.7.2　驱动电路类型及选用

　　驱动电路可以分为：三极管驱动和达林顿管驱动等。三极管的驱动电流不能超过其集电极最大极限电流 I_{CM}，如果用三极管驱动继电器线圈，如图 1-49 所示，那么继电器线圈的工作电流不能超过 I_{CM}。如果需要更大的驱动电流时，可使用复合管或达林顿管。图 1-50 为用两个同型号的三极管组成的复合管，其集电极电流为 $I_c = \beta_1\beta_2 I_{b1}$。图 1-51 为达林顿管 MC1413 中一个单元的原理图。其中 K 为外接继电器线圈，三个二极管均对电路起保护作用。单元电路从集成电路引出的三个端分别为 I_1、Q_1、COM，其中 I_1 为输入端，Q_1 为输出端，COM 为公共端。

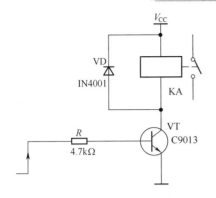

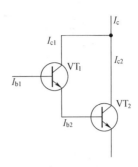

图 1-49　用 NPN 管驱动继电器　　　　　　　图 1-50　两个 NPN 组成的复三极管

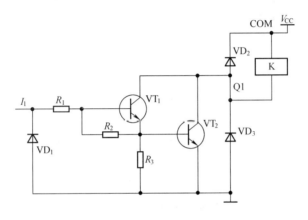

图 1-51　达林顿三极管

1.7.3　驱动电路应用实践

提出问题　电子技术的最大魅力是可以使电路具有智能作用，可以控制各种生产设备实现自动化。电子电路中的信号都很微弱，不能直接控制大电流电器，必须借助驱动电路来实现相应的控制。驱动电路也就是大功率输出电路，在元器件参数的选择上要留有充分的余量，以确保安全可靠。三极管驱动电路和三极管开关电路有些类似，但三极管驱动电路更突出用小电流控制大电流的作用。

1. **三极管驱动直流继电器**

在复杂的电子设备中，许多工作过程要求自动化，因此必须依靠各种类型的自动装置来控制。继电器就是自动化装置中的主要元件之一。继电器就其工作原理来说可以视为一种"电动开关"。一般的开关其触点通断是用手操作，而继电器触点的动作是用电信号控制。

直流继电器是由电磁线圈、触头、铁心和衔铁等部分组成。当线圈通电并达到其动作值时，衔铁被吸合并带动触头动作。触头动作后可以对电路的工作状态进行切换。当线圈断电后，在拉力弹簧的作用下使衔铁和触头复位。继电器的触头分为动合触头（也称常开触头）、动断触头（也称常闭触头）和先断后合触头，如图 1-52 所示。据继电器型号的不同，触头的类型和数量也不同。图 1-53 为直流继电器结构示意图。

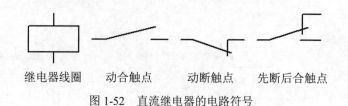

继电器线圈　动合触点　动断触点　先断后合触点

图 1-52　直流继电器的电路符号

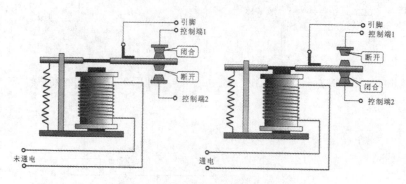

图 1-53　直流继电器结构示意图

1）用 NPN 三级管驱动直流继电器。

电路如图 1-49 所示。当输入信号为低电平时，三极管截止，继电器不动作；当输入高电平时，三极管饱和，线圈得电，动合触头闭合，动断触头断开。继电器的线圈是个电感性负载，在电流断开的瞬间会产生较大的反电动势，这样会对三极管造成很大的威胁。为了保护三管需要在线圈两端反向并联一个二极管，用以吸收电感线圈释放出的能量。

2）用 PNP 三级管驱动直流继电器。

电路如图 1-54 所示。由于是 PNP 三极管，当输入高电平时，三极管为截止，继电器不动作；当输入低电平时，三极管饱和，线圈得电，动合触头闭合，动断触头断开。

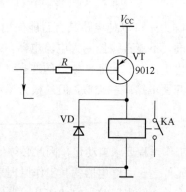

图 1-54　用 PNP 型管驱动直流继电器

三极管的集电极极限工作电流应当根据继电器线圈的额定电流来确定。继电器的额定参数有：线圈额定电压、线圈直流电阻和触点容量。可以根据线圈电压和直流电阻计算出额定电流。

继电器的选择需要考虑：触头容量（可断开的电压和电流）；触头类型（常开/常闭）；触头数量；线圈工作电压和电流。例如，型号：HH54P，线圈电压：DC12V，触头容量：5A 240V AC、

5A 28V DC，触头数量：四组八路（四开四闭）。

2. 步进电动机驱动电路

数控机床自动进给系统一般采用功率步进电动机作为伺服装置。要使步进电动机旋转，必须有步进电动机驱动电路给出电信号。步进电动机驱动电路一般由脉冲分配器和功率放大器两部分组成，它接受数控装置送来的一定频率和数量的脉冲，经分配器和放大后驱动步进电动机旋转。脉冲分配器输出的脉冲功率很小，经过功率放大输出脉冲电流可达到 1～10A，才能驱动步进电动机旋转。

图 1-55 是步进电动机 A 相绕组的驱动电路，其他相的驱动电路和 A 相的完全相同。图中 H 为光电耦合电路，其作用是将小电流的控制系统和大电流的驱动系统进行隔离，以防止大电流系统对小电流系统产生影响。当控制信号 $Q_a=0$ 时，VT_1 管截止，H 中的发光二极管不导通，VT_3 管截止，电动机绕组 A 中无电流通过，步进电动机不转。当控制信号 $Q_a=1$ 时，VT_1 导通，H 中的发光二极管有电流通过而发光，光照使光敏三极管导通，进而使 VT_2、VT_3 都导通，绕组 A 中有电流通过，电动机旋转一个角度即步进一步。当 A、B、C 三个绕组按一定顺序加入控制信号时，步进电动机就可以连续步进。

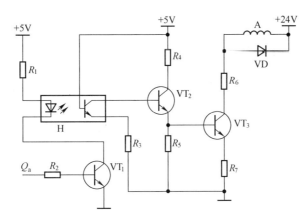

图 1-55　步进电机驱动电路

1.8　记忆电路

1.8.1　记忆电路概述

许多电子产品在使用中需要通过轻触按键输入信号，如手机键盘。这种按键材料轻薄，结构紧凑，通过导电橡胶和金属电极接触产生电信号，在手指按下时触点被接通，手指离开时自动复位，对于输入的信号没有保持作用。但在实际应用中很多情况下都需要对输入信号记忆保持，以维持电路所需的工作状态，如手机的开机或关机状态。因此按键需要记忆电路的支持才可以使电子系统正常工作。触发器（也称双稳态触发器）有两种稳定状态，所以具有记忆功能。

1.8.2　记忆电路类型及选用

常用的触发器有 D 触发器和 JK 触发器。

D 触发器类型有：CD4013（CMOS 双 D 触发器）、CD4042（CMOS 四 D 锁存器）、74LS74（TTL 双 D 触发器）、74LS175（TTL 四 D 触发器），JK 触发器类型有：CD4027（CMOS 双 JK 触发器）、74LS107、74LS112、74LS78（TTL 双 JK 触发器）数字集成电路的封装形式通常有两类：双列直插式（DIP）和贴片式（SMD）。贴片式器件具有体积小、重量轻的特点，但安装工艺要求较高。

1.8.3 记忆电路应用实践

提出问题 触发器是由逻辑门电路构成的一种特殊器件，特殊之处是因为它具有了记忆功能，由此使它变得非常重要，它可以单独使用，也可以用多个组成寄存器和计数器，这些都是数字电路中的最基本单元电路。在一个集成芯片上可以制作出不同数量的触发器，但整体的功能可以是不同的，需要根据用途进行选择。触发器有两个稳定状态，在接通电源时必须要取其中的一种状态作为初始状态，否则电路的逻辑关系就会出现混乱。

1. 触发器功能比较

CD4013 是双 D 触发器，CD4042 是四 D 锁存器，它们的不同之处不仅是 D 触发器数量的不同，更主要的是功能上的不同。CD4013 的内部是两个独立的 D 触发器，如图 1-56 所示。两个触发器在共用一个电源的基础上可以分别使用 CP 时钟脉控制端、复位控制端和置位控制端；CD4042 中四个触发器的 CP 时钟控制端是连在一起的，R 复位端也是连在一起的（没有置位端）。因此，CD4042 一般用于四位二进制数码的锁存，所以称四 D 锁存器。

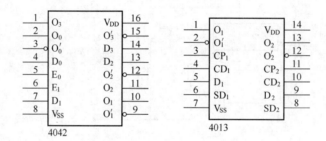

图 1-56　4013 与 4042 功能比较

2. 触发器性能比较

CD4013 和 74LS74 均为双 D 触发器，那么在使用时究竟选择哪一种呢。这要看它所在的电子系统的技术性能要求，如果系统要求驱动电流大，则应选用 TTL 型的 74LS74；如果系统要求低功耗，则应选用 CMOS 型的 CD4013。

3. 触发器初始状态设置

触发器在正常情况下两个输出端的状态总是相反的，$Q=1$、$Q=0$ 或 $Q=0$、$Q=1$。在使用中必须考虑接通电源（上电）时初始状态的设置问题，这可以通过触发器的"直接置 1 端 S"和"直接置 0 端 R"来设定。如果初态要求为 $Q=0$，则需要上电复位；如果初态要求为 $Q=1$，则需要上电置位。

图 1-57 为 CD4013 中的两个 D 触发器，一个初态设为"0 态"，采用了 RC 构成的上电复位电路来实现；另一个初态设为"1 态"，采用上电置位电路来实现。在电源送电的瞬间可以产生如图 1-58 所示的脉冲，作为复位或置位信号。对于 CMOS 电路来说，输入端不能悬空，所以两个 D 触发器的 6 脚和 10 脚应接地，否则会影响电路输出状态稳定。

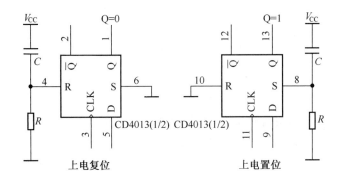

图 1-57　上电复位和上电置位电路

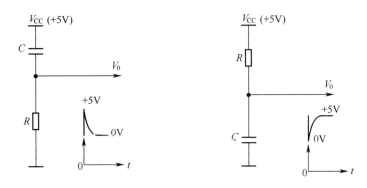

图 1-58　复位信号产生电路

4. 用触发器实现一键开/关机

许多电子产品都是用一个按键实现开/关机功能，如手机上的红色按键，按一下（有延时）可开机，再按一下可关机，这还是和触发器有关。触发器除了可以实现置"0"、置"1"外，还具有计数功能。计数就是对 CP 脉冲的个数进行统计，每来一个 CP 脉冲，触发器的输出状态就自动翻转一次，假设触发器输出"0"态使手机关机，那么输出"1"态就可使手机开机。利用触发器的计数功能可以实现一键开/关机，电路如图 1-59 所示。电路在接通电源后先进入"0 态"（上电复位），当按下按键 SW 时输出变为"1 态"，再按一下时，输出又变回"0 态"。

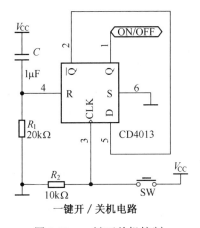

图 1-59　一键开关机控制

1.9 译码及 LED 数码显示电路

1.9.1 LED 数码显示电路概述

数码显示是电子产品中常用的部件，如计数器、计时器、计算器、电子称、数字定时器等都需要将处理后的数据结果或设定的数据通过数码管显示出来。数码显示按器件性质不同可分为液晶显示（LCD）和发光二极管（LED）显示。前者功耗低，但显示不够清晰；后者显示亮度高，但功耗较大。当前 LED 在广告业已经大显身手，LED 广告牌比比皆是，这足以说明 LED 在显示上的优势。

在计数器、频率计的电路中需要用多位 LED 数码管来显示结果，显示方式可分为静态显示和动态显示。

1.9.2 数码显示电路类型及选择

LCD 显示多用于用电池作为电源的小型电子产品。LED 显示适合用在非移动、用整流电源的电子设备上。

在需要多个 LED 数码显示的电路中，按驱动方式不同分为静态驱动显示方式和动态驱动显示方式两种。LED 静态驱动显示方式是指，当显示某个字符时，相应字段的发光二极管恒定地导通或截止，即亮灭是完全不变的，在这种情况下，多个 LED 是同时显示。LED 动态显示是指每隔一段时间循环点亮每个 LED 数码管，每次只有一个 LED 被点亮，根据人眼的视觉暂留效应，当循环点亮的速度很快的时候，可以认为各个 LED 是稳定显示的。静态驱动显示方式用的元件数量多，但显示亮度高，适合在室外场合使用；动态驱动显示方式用的元件数量少，但显示亮度低，适合室内场合使用。

1.9.3 数码显示电路应用实践

提出问题 在实际应用中如果需要数码显示装置应当如何来选择呢，这要看应用的具体要求，如对显示位数、显示亮度的要求等，据此来确定显示器件的类型和驱动方式。显示器件类型分为 LCD 和 LED 两种，显示驱动方式分为静态驱动和动态驱动两种。

1. 三位 LED 静态驱动显示电路

电路如图 1-60 所示，其中 CD4511 是七段译码电路，输入信号为 8421 码。每一个译码电路都要有一个十进制计数器为其提供输入信号。输出信号通过限流电阻接 LED 数码管，数码管显示的数字与 8421 码相对应。由于电路中每一个数码管都对应一个译码电路，数码管中的驱动电流是稳定的，因此显示的亮度高且无闪烁。

2. 三位 LED 动态驱动显示电路

电路如图 1-61 所示，其中 CD4543 也是一个七段译码电路，但是这里的三个 LED 数码管相同的输入端并联在一起，也就是共用一个七段译码电路，那它们如何显示各自的信息呢，问题的关键是用了一个特殊的十进制计数器 CD4553，它的内部实际上是一个三位十进制计数器，共用一个输出端，在计数时它可以分时向三位 LED 数码管输送各自的 8421 码信号和接收控制信号。

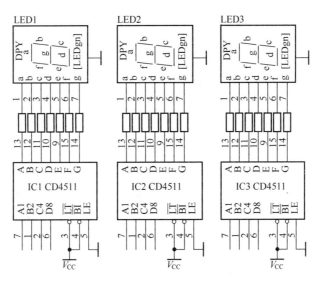

图 1-60　LED 静态驱动显示

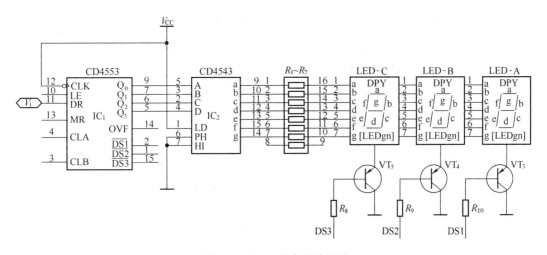

图 1-61　LED 动态驱动显示

2

电子产品电子技术应用实例

电子技术的应用已经遍及各个领域，它以各种各类电子产品的形式进入人们的工作和生活之中，使原来许多难以想象的事情如今都变成了现实。"电子技术"通常被人们称为"弱电"，它会用微弱的电信号按照人们的意愿去控制负载工作。电子产品之所以受到人们的喜爱，就是因为电子技术具有神奇的、让人感到惊叹的控制力，从这个角度来说，它不仅不弱反而非常强悍。本章试图通过电子技术应用的一些实例让读者对电子产品有更多的了解和认识。

项目1 带有记忆功能的断线防盗报警器

项目分析与资讯

防盗报警就是在有盗情时发出声光报警信号，以引起人们的注意并尽快采取相应措施进行处置。报警器需要相应的传感器来获取防范区域现场的信号，然后通过有线或无线方式向接收装置进行传送。传感器的种类和数量要根据防范区域的大小、地形地貌及防范等级来确定。对于银行金库、国家重要设施、危险品仓库等场所要提高防范等级，而对于一般的场所的防范可采用简易的报警装置即可。断线防盗报警中的传感器就是一段闭合的导线，将其设置在防范区域的某处，一旦闭合导线被行窃者扯断，报警器即刻发出报警信号。为了提高报警器的可靠性，要求对传感器产生的信号能够记忆，记忆电路可以使报警电路保持报警状态，这样可以防止行窃者的人为因素中断报警。

2.1.1 电路原理框图

电路原理框图如图 2-1 所示。

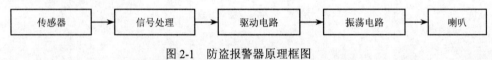

图 2-1　防盗报警器原理框图

（1）传感器结构及设置。根据题目要求"断线防盗报警"，传感器可采用双股若干长度的塑料绝缘导线，将一端的绝缘扒掉并将两根线导电部分拧接在一起，然后套在某一物体上，另一端接于后面的信号处理电路。当物体被人移动时使两根导线连接处脱开，这样就会产生一个电信号。

（2）信号处理电路。这部分电路要把接收到的信号变成一个标准电平信号，同时对输入信号要有记忆。用一个 D 触发器两个问题会轻而易举得到解决。

（3）驱动电路。选择驱动电路之前先要考虑怎样让振荡电路在有盗情时起振工作，有两种方法，一是电源控制，即当振荡器需要工作时通过开关器件为其接通电源；另一种方法是信号控制，即振荡电路可以先通电，但只能处于待命状态，在控制信号的作用下才可以起振。如果采用电源控制，则需要电子开关或直流继电器，本电路选用直流继电器并用三极管驱动。

2.1.2 单元电路原理

1. 用 D 触发器构成信号处理电路

用 D 触发器可实现信号处理电路的功能，即可将输入信号变换成一个标准电平信号，同时可实现记忆。D 触发起选用 CD4013 双 D 触发器，管脚功能如图 2-2 所示。用 D 触发器构成报警信号处理电路如图 2-3 所示。D 触发器有多个输入端，这里只需使用"直接置 0 端"和"直接置 1 端"即可。我们都知道使用触发器时要先设定初态，假设 $Q = 0$ 为初态，那么 $Q = 1$ 应为报警状态。初态 $Q = 0$ 需要通过上电复位电路来实现，图中电容 C 和电阻 R_1 构成上电复位电路。按键 S 为手动复位，用于报警后的复位。

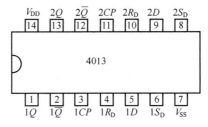

图 2-2 双 D 触发器管脚图

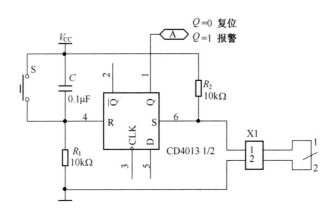

图 2-3 D 触发器构成的报警信号处理电路

D 触发器的 S 端为输入端，接收传感器送来的信号。由图可知，当 1 号线和 2 号线连通时，S 端是接地的，一旦两根线被分开，S 端则由于上拉电阻 R_2 的作用变为高电平，此时触发器就由原来的 0 态变为 1 态，即电路开始报警。此时若是行盗者将 1、2 两根线重新连接起来也不会终止报警，因为 S 端只能 "置1"，不能 "置0"。

2. 三极管驱动电路

电路如图 2-4 所示。用三极管控制直流继电器的线圈，当有盗情时，D 触发器输出高电平，此信号送到 VT_1 的基极，使其饱和导通，继电器线圈得电，常开触头闭合使振荡电路得电，报警电路产生音响报警信号。

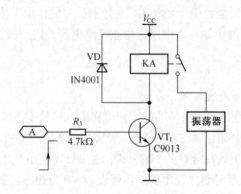

图 2-4　三极管驱动电路

3. 振荡电路

振荡电路在这里的功能是产生报警音响，报警的音响应当具有高低起伏变化，这样才能引起人们的注意。声音的高低是因频率不同而产生音调的变化，让振荡电路改变频率可以采用 "压控" 的办法，就是需要用一个电压去控制振荡器的工作频率，这种振荡器也就称之为压控振荡器。在图 2-5 所示的电路中，VT_5 和 VT_6 组成音频振荡器，VT_2 和 VT_3 组成低频振荡器，用低频振荡器的输出电压控制音频振荡器的频率，这样喇叭发出的声音就可以产生高低起伏变化。VT_2 和 VT_3 振荡电路输出近似为方波。三极管 VT_4 是射极输出器，在电路中起缓冲作用，即减少后级对前级工作电流的影响。电容 C_4 可以让音频振荡电路的输入电压慢起慢落，使喇叭发出的声音带有滑音效果。振荡电路的电源受继电器常开触点控制，只有在继电器线圈得电的情况下振荡电路才可以得电工作。

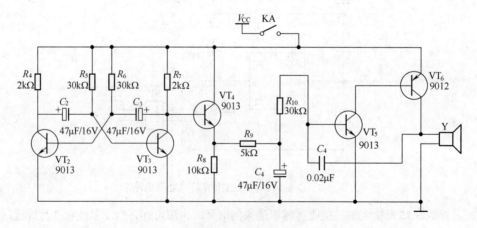

图 2-5　振荡电路

2.1.3 电路安装与调试要点

电路安装应按先单元后整体的顺序进行。安装单元电路实际上包括了调试环节，每一个单元电路都有自己的功能和性能指标，只有每个单元电路达到了设计要求，整机电路才能正常工作。为了便于调试，单元电路的安装顺序一般是先从输入端开始，逐级向后进行，这样做的好处是可以把前级的输出作为后级的输入，使调试具有实际意义。

1. 信号处理电路安装与调试

电路如图 2-3 所示，这部分主要是 D 触发器 CD4013 的安装，要根据它的管脚图了解各管脚功能，这样才能照着原理图"对号入座"。这里 CD4013 采用 DIP14 封装形式，对于初学者来说为了防止在焊接过程中将器件损坏（焊接时间长或静电都会对半导体器件产生不利影响），可以使用集成电路插座。在装集成电路时要注意电源管脚的连接，在电路原理图上为了简便起见，集成电路的电源管脚有时不表示，但在安装时必须要接到直流电源上。

电路调试时先将 D 触发器置 1，S 端用导线接地，通电后用万用表直流电压档测量输出端 Q 的电位，如果是低电平即复位状态说明复位电路正常，然后将 S 端对地导线断开（相当于传感器产生的输入信号），此时 Q 端应变为高电平，然后再将 S 端对地导线重新连接上，Q 端仍然保持高电平，表示电路能够正常工作。

2. 三极管驱动电路安装与调试

这部分的电路安装首要识别三极管的管脚极性和直流继电器引脚结构。

三极管型号为 C9013。继电器内部的线圈引脚和触点引脚关系可用万用表欧姆档来测试。在安装时要注意继电器的线圈额定电压是否与直流电源相符，确认二极管管脚极性，连接时不能接反，否则二极管将被损坏。

电路调试时可以和信号处理电路联调，即将 D 触发器的 Q 端连接到三极管的基极上，通电后看 $Q = 0$ 和 $Q = 1$ 两种情况下继电器触点的动作变化是否符合要求。

3. 振荡电路安装与调试

这部分电路可以分两步进行安装调试，先安装由 VT_2、VT_3 构成的低频振荡部分。注意电解电容的极性不要搞反（引脚长的极性为正）。通电后用万用表直流电压档测量两个三极管集电极电位变化，如果表针来回摆动，说明电路产生振荡，工作基本正常。然后再安装音频振荡电路部分，其中包括 VT_4，喇叭选用 8Ω 动圈式，直径 50mm 左右。安装时 VT_5 和 VT_6 不要搞混，因为 C9012 是 PNP 型，C9013 是 NPN 型。通电调试前将 VT_4 的基极直接接到电源正极上，通电后如果喇叭能够发出声音，则说明电路产生振荡，基本正常。最后，将 VT_4 的基极改接到 VT_3 的集电极上，通电后喇叭发出的声音如果能产生起伏变化，说明电路基本正常，如果声音效果不够理想，可以适当调整 R_9、R_{10} 的阻值。

最后整机进行统调。即按照报警电路正常防范要求设置好传感器（双股导线），然后通电，报警器处于防守状态，当有人移动某物使双股导线连接处断开时，报警器应立即发出报警音响，当手动复位时，应停止报警。

项目 2　手机延时开/关机控制电路

项目分析与资讯

使用手机的人都知道手机的开机和关机都是用一个按键来控制，这种按键是采用导电橡胶薄膜材料，具有体积小、结构紧凑的特点，使用者只需轻触按键即可接通电路。当然由于它的这种结构，其本身不具有信号保持功能，要使手机能够保持开机或关机状态必须解决按键信号的记忆问题。另外由于轻触按键的灵敏性，对手机的开机或关机操作应增加延时功能，以防止使用者的误操作带来的麻烦。

2.2.1　电路原理框图

手机延时开/关机原理框图如图 2-6 所示。

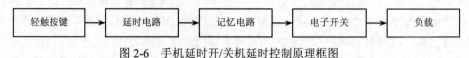

图 2-6　手机延时开/关机延时控制原理框图

（1）轻触按键及延时电路。手机的开机或关机要通过按键发出指令，但是为了防止使用者在无意的情况下出现的误操作，开机或关机不应在触碰按键时即刻完成，应有一定的时间延时。由于所需延时时间仅需几秒钟即可，所以可直接利用阻容元件的充放电作用将开机时刻推迟。

（2）记忆保持电路。用触发器可实现这个功能，可以假定，当触发器输出 $Q = 0$ 时（即被置0）手机维持关机状态；当 $Q = 1$ 时（即被置 1）手机维持开机状态。但如何用一个按键既能置 1 又能置 0 呢，这就要用到触发器的计数功能，即 $Q_{N+1} = \overline{Q}_N$，把按键产生的信号视为计数器的 CP 脉冲，这样，每按一次按键，触发器的状态就会反转一次，即用一键实现 ON/OFF 控制。

（3）电子开关。记忆保持电路在手机放入锂电池后始终处于通电状态，这是完成开/关机的需要。而手机主电路的电源需要用电子开关来控制，电子开关接受触发器的 ON/OFF 信号控制。

2.2.2　单元电路原理

1. 轻触按键及延时电路

电路如图 2-7 所示。其中 B 为手机开/关机按键。如果需要开机，按下此按键 3 秒钟后手机开机进入待机状态。在开/关机按键被按下和抬起的短暂期间内，在输入端形成一个宽度为 3 秒的方波，经 R_1 电阻对电容 C 充电，三级管的基极电位和发射极电位逐渐升高，经过 t 时间后发射级输出达到高电平，手机进入开机状态。t 即为手机延时开机时间，其大小由 R_1 和 C 的参数决定。电阻 R_2 的作用是为电容提供放电回路，电容放电问题不能忽视，否则再次按下按键时，电容不能被再次充电。

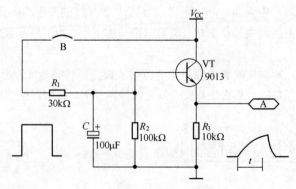

图 2-7　轻触按键及延时电路

2. 触发器计数电路

电路如图 2-8 所示。D 触发器选用 CD4013，D 触发器计数状态就是将触发器的 D 端与 $\overline{Q}$ 端连接起来即可，此时每当来一个 CP 脉冲时，触发器的 Q 端状态就翻转一次。Q 端可控制电子开关的导通或关断。

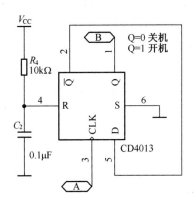

图 2-8　触发器计数电路

2.2.3　电路安装与调试要点

本电路只是手机电路中很小很小的一部分，调试也很容易，但在安装时也会有疏忽的地方，比如 D 触发器的置 1 端的接地问题经常会被初学者忽略，而且还不容易被发现，在这种情况下调试时会出现输出状态不稳定的现象。

项目 3　红外线自动水龙头控制电路

项目分析与资讯

地球上水的资源是有限的，很多地方长年处于缺水状态。为此各国政府都非常重视节约和合理用水的问题。在大型商场、火车站、机场等人员密集的场合，人们使用卫生间的频度很大，采用红外线自动水龙头可以有效地避免常流水，达到节约用水的目的。红外线自动水龙头是采用了反射式红外线传感器，它是一种将发射和接收对管一体化的传感器，当有物体靠近时，一部分红外线光被反射到接收管，从而产生控制信号。

2.3.1　电路原理框图

红外线自动水龙头原理框图如图 2-9 所示。

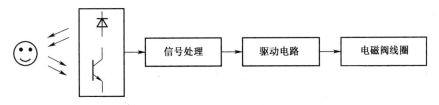

图 2-9　红外线自动水龙头原理框图

原理框图中各单元电路作用如下：

（1）反射式红外线传感器。用于产生水龙头开启的控制信号。采用红外线发射和接收的方式可以抗日光、灯光的干扰。红外线发射二极管和接收三极管可以根据用途不同选择不同的发射功率（功率大，发射距离远）和安装方式。反射式红外线传感器是将发射和接收两个元件放在同一个封装体内。在正向电流作用下红外线二极管发出红外线，当有人体靠近传感器时，由于人体的反射作用将红外线反射到接收管，从而产生控制信号。

（2）信号处理电路。用于将反射式红外线传感器产生的信号进行放大和识别。增加识别电路的目的是防止可能存在的其他红外信号的干扰，防止电磁阀产生误动作，提高工作靠性。

（3）驱动电路。在水龙头上安装了一个电磁阀，电磁阀内部有电磁线圈、静铁心、动铁心和动铁心复位弹簧。当电磁阀线圈通电时，动铁心被提起，水龙头开启，反之则关闭。驱动电路用来为电磁阀的线圈提供电流。

2.3.2 单元电路原理

1. 反射式红外线传感器电路

电路如图 2-10 所示。红外线发射二极管受三极管 VT_1 控制，当在三极管的基极加入高电平信号时，三极管导通，红外二极管有电流通过，同时发出红外线信号。若经过物体反射使接收三极管接收到红外信号，接收管由原来的截止状态转变为饱和状态，其集电极输出由原来的高电平转为低电平。

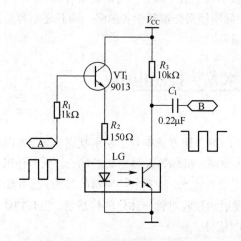

图 2-10　反射式红外线传感器电路

如果在 VT_1 的输入端加入的是具有一定频率的方波信号，则红外发射二极管发出的红外信号的频率与方波信号相同，接收三极管集电极电位的变化也与方波信号频率一致。

2. 信号处理电路

信号处理电路包括两个部分：信号放大和信号识别。

（1）信号放大电路。信号放大电路采用了单运放 OP07，其管脚如图 2-11 所示。输入信号来自红外传感器的输出信号，将其放大 100 倍后送给下一级。如图 2-12 所示。

（2）信号识别电路。所谓信号识别是指对红外传感器输出的控制信号进行确认，看它是否是由于人体接近传感器而产生的。如图 2-13 所示，信号识别的方法是利用锁相环音频译码集成电路

LM567 的特殊功能。LM567 是一种模拟电路和数字电路组合器件。2 脚为输入端，要求输入交变信号；8 脚为输出端，输出开关量信号，低电平有效。在电路内部有一个矩形波发生器，矩形波的频率由 5、6 脚外接的 R、C 的参数决定。其工作过程是：输入信号从 3 脚进入 LM567 后，与内部的矩形波进行比较，若信号相位一致，则 8 脚输出低电平，否则保持输出高电平。需要注意的是，8 脚是集电极开路输出，使用时必须外加上拉电阻，图中 R_7 为上拉电阻。

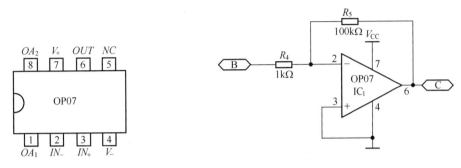

图 2-11　单运放 OP07　　　　　　　　图 2-12　信号放大电路

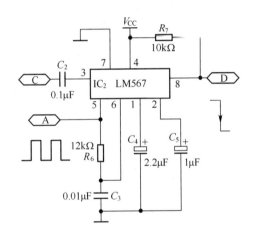

图 2-13　信号识别电路

　　电路的工作原理是：将 LM567 内部产生的矩形波（幅值约 4V）从第 5 脚引出通过 R_1 送到三极管 VT_1 的基极，使接在 VT_1 发射极的红外线发射二极管导通并向周围空间发射调制红外光。当有人洗手或接水时，接近水龙头的手或盛水的器就将红外光反射回一部分，被红外接收管接收并转换为相应的交变电压信号，经 C_1 耦合至运放进行放大后，再经 C_2 输入到 LM567 的第 3 脚，经识别译码后，如果输入信号的相位与其内部振荡器产生的矩形波相位一致，第 8 脚即输出低电平。

　　3．电磁阀线圈驱动电路

　　电路如图 2-14 所示。驱动电路的输入信号就是前级 LM567 的输出信号。K 为电磁阀线圈。VT_2 采用 PNP 型三极管的原因是为了符合 LM567 输出信号的极性要求。由前面的分析我们已经知道，当无人接近红外传感器时，LM567 的第 8 脚输出高电平，此时 VT_2 为截止状态不导通，K 中无电流通过，当有人接近红外传感器时，LM567 的第 8 脚输出低电平使 VT_2 导通，K 得电，电磁阀吸合开始放水，当手或容器离开后电路又恢复等待状态。

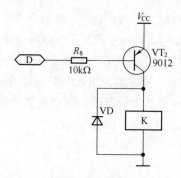

图 2-14　电磁阀线圈驱动电路

2.3.3　电路安装与调试要点

1. 反射式红外线传感器电路的安装及调试

安装之前先要对红外传感器中的发射管和接收管进行检测。检测红外发射管的方法：将万用表的挡位选在欧姆×10k 挡上，用黑表笔接发射管的阳极，红表笔接阴极，然后用手机的摄像功能观察发射管是否有白光产生。若有轻微的白光（因万用表提供的电流很有限）说明发射管基本没问题。测接收管的方法：将万用表的档位选在直流电流最小档位上，黑表笔接集电极，红表笔接发射极，然后将接收管的对着台灯前后移动，看表针是否有变化，越靠近灯时，表针摆动越大，这是正常的。

按图 2-10 所示电路连线。为了测试电路能否工作，可先将 **VT₁** 的输入端 A 点接在直流电源的正极上，选万用表的直流电压 10V 挡，将红表笔接在集电极上，黑表笔接地。然后用手在传感器的窗口前晃动，看表针是否有摆动，摆动为正常，若表针不摆动，说明电路连接有误。

2. 放大电路的安装与调试

按图 2-11 所示电路接线。并将放大电路的输入端与前级输出端相连接，即借助前级输出信号调试后级。选万用表直流电压 10V 挡，将红表笔接在 OP07 的第 6 脚上，黑表笔接地。还是用手在传感器的窗口前晃动，看表针摆动的幅度。OP07 输出信号的摆动幅度一定要远大于输入信号的摆动幅度，否则说明放大能力差。

3. LM567 电路的安装与调试

按图 2-11 所示电路接线。通电后先测试 LM567 输入端开路时第 8 脚的电位值，即用红表笔接8 脚，黑表笔接地，此时 8 脚应为高电平。然后用一导线将 LM567 的第 5 脚和第 3 脚连接起来，这时 8 脚输出应变为低电平。

4. 整机联调

将原来的临时接线全部撤掉，并将各单元电路按前后级关系全部连接好。注意各单元电路直流电源的连接，不要有遗漏。整机联调就是根据电路的功能进行的全面调试。对于本电路要达到的功能是：用手靠近传感器时，水龙头出水。手离开时，水龙头停止出水。

项目 4　有源音箱中的音频放大电路

项目分析与资讯

在现代人们的生活和学习中对有源音箱的使用已经非常普遍，它可用来播放各种音频信息，在开会时可以当扩音机使用。有源音箱就是将一块音频放大电路板连同电源部分和扬声器安装在一个箱体中，它的作用不仅是个载体，它具有美化声音和使声音具有指向性的作用。音箱输入的信号可以是由麦克产生的"话音信号"，也可以是从音视频设备线路输出的"线路信号"（如收录机、MP3、电子乐器等）。为了使用上的方便，通常在音箱的面板上都设有多个输入信号插座，由于话音信号和线路信号的电平不同，所以对输入信号的处理方式也不同，对这两种信号设有不同的通道，在各自的输入插座旁用 MIC 和 line 加以区别。除此而外，音箱面板还设有音量调节和音调调节旋钮。音箱的功率输出取决于音频放大电路功率级的设计和电源的容量的设计。所谓"有源"音箱是指音箱内带有功率放大电路和为其供电的电源电路，使用时需通过导线将 220V 市电引到音箱内。

2.4.1 电路原理框图

音频放大电路原理框图如图 2-15 所示。

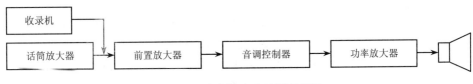

图 2-15　音频放大电路原理框图

电路结构说明：

（1）输入端（话筒放大器或收录机）。用于接收话筒、收录机、VCD、DVD 和其他线路输出的微弱音频信号，并将输入的音频信号有效地传送到前置放大级，并完成信号源的阻抗变换。由于输入阻抗很微弱，因此输入级常采用射级跟随器或集成运放组成，这样可以使输入级有较高的输入阻抗和较低的输出阻抗。

（2）前置放大级。可适应不同的输入方式，能够分别对话筒信号和线路信号进行放大，也可将多个信号混合放大。

（3）音调控制器。其作用是调节音频放大器输出信号的音调。

（4）功率放大器。其作用是向扬声器提供足够的输出功率。

2.4.2 单元电路原理

1. 话筒放大器与前置放大器

电路如图 2-16 所示。电路采用了集成四运放 LM324，其中 IC_1A 构成话筒放大器，IC_1B 构成前置放大器。音频放大器属于交流放大器，由于采用单电源供电，所以每个运放都要通过两个 $10k\Omega$ 电阻将运放同相输入端的电位设置为 $1/2V_{cc}$，使输出端在静态时 $V_o = 1/2V_{cc}$。

话筒采用动圈式麦克，它产生的输出信号大约为 5mV 左右，话筒放大器的电压放大倍数可按下式计算

$$A_{V1} = R_{12} / R_{11} = 7.8$$

这样话筒放大器的输出近似为 40mV，通过 R_{p11} 送到前置级。R_{p11} 的作用是控制信号的输入量。由收录机等音频设备提供的线路信号大约有 100 毫伏左右，可以不用输入放大器，直接将线路信号送至前置级。R_{p12} 的作用也是用来控制信号的输入量。

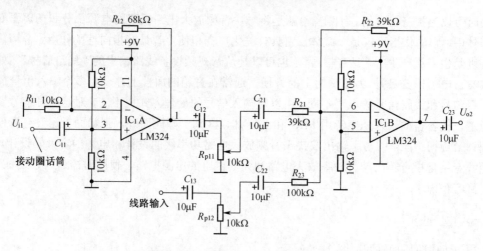

图 2-16　话筒放大器与前置放大器

话筒信号经放大后约为 40mV 左右，线路输入信号为 100mV 左右，两种信号都送到前置级的输入端上，可以由前置级进行混合放大（卡拉 OK 设备就是采用这种输入方式）。由此可以看到，前置级的作用不仅是放大，还具有将多个输入信号混合的作用，这个作用有点类似于加法器。由于两种输入信号的幅值不同，若采用同样的放大倍数放大，输出强度差异很大，不好实现均衡，所以前置级对两种信号采用了不同的放大倍数。他们分别：

$$A_{V2} = R_{22} / R_{21} = 1 \qquad A_{V3} = R_{22} / R_{23} = 0.39$$

2. 音调控制器

音频是人耳能够感受到的声波，其频率范围为 20Hz～20kHz。对于能够表达某些信息的声音来说它都含有一定的频率范围，也就是所谓的频带。在一个频带内可分为高音区、中音区和低音区。滤波电路可以将频带内某些频率信号滤除或减弱，这样，其他部分就相对被加强了。如果采用高通滤波器，那就是低频部分被削弱，高频部分相对被加强；反之，如果采用低通滤波器，那应当是高频部分被削弱，低频部分相对被加强。音调控制器具有这种功能，它通常是放在前置放大电路和功放电路之间。设置它的目的是可以使收听者根据不同的欣赏爱好及信号源的特点，有选择地突出或削弱低音、高音，以改善放音效果。

滤波电路是以不同的 RC 网络来实现不同的滤波效果，它又分为无源滤波和有源滤波。如图 2-17 所示的电源为无源滤波。

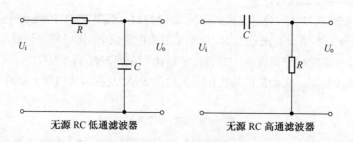

无源 RC 低通滤波器　　　　　　无源 RC 高通滤波器

图 2-17　RC 无源滤波电路

带有运算放大器的滤波电路称为有源滤波电路，如图 2-18 所示。有源滤波比无源滤波增加了放大功能，而且输入和输出阻抗容易匹配。

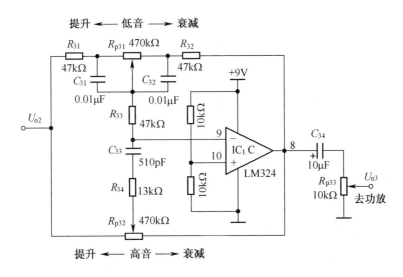

图 2-18　音调控制器

在图 2-18 所示电路中使用两个 T 型 RC 网络，分别组成衰减式低音控制（低通）网络和衰减式高音控制（高通）网络，即他们分别通过 R_{p31} 和对低音或高音的增益进行提升或衰减控制，而保持中音的增益不变。

通常，$C_{31}=C_{32}\gg C_{33}$，在中音频区，C_{33} 视为开路，C_{31} 和 C_{32} 视为短路，中音频区等效电路如图 2-19 所示。通常取 $R_{31}=R_{32}$，则中音区放大倍数 $A_F=1$。

在低音频区 C_{33} 视为开路，低频区等效电路如图 2-20（a）、（b）所示。其中图（a）为 R_{p31} 的中心头在左端，对应低音频提升最大的情况。图（b）为 R_{p31} 的中心头在最右边，对应低音频衰减最大的情况。

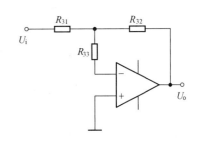

图 2-19　中音频等效电路

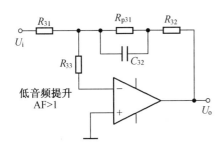

（a）低音频提升

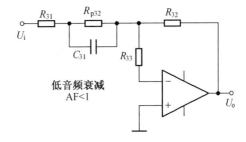

（b）低音频衰减

图 2-20　音调控制器低音频等效电路

高频区 C_{31}、C_{32} 视为短路，其等效电路如图 2-21（a）所示。通常取 $R_{31}=R_{32}=R_{33}$。R_{p32} 中心头置于最左端和最右端时的等效电路分别如图 2-21（b）、（c）所示。

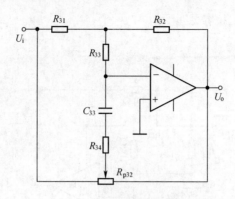

（a）高音频等效电路

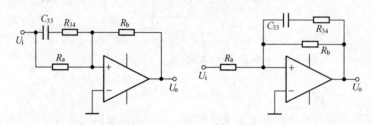

（b）高音频提升电路　　　　　　　　（c）高音频衰减电路

图 2-21　音频控制器高音频等效电路

图中，$R_a=R_b=3R_{31}=3R_{32}=3R_{33}$。对于图 2-21（b），反馈电阻大于输入电阻，电路放大倍数大于1，所以输出提升；对于图 2-21（c），反馈电阻小于输入电阻，所以输出衰减。

在音调控制器的输出端接电位器 R_{p33} 可起到音量调节的作用。

3．功率放大器

如图 2-22 所示。功率放大器的作用是向负载提供足够的功率。TDA2003 是集成功率放大器，采用单电源供电的 OTL 结构，在加装标准散热片的情况下，可以输出 10W 的功率。其输入端接音量电位器，输出端接 8Ω 喇叭。

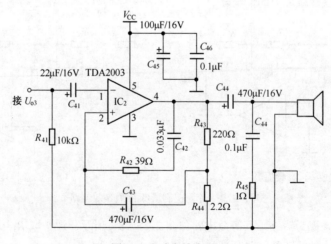

图 2-22　功率放大器

2.4.3　电路安装与调试要点

在安装时要特别注意集成运放和集成功放各管脚的功能和位置及电解电容的极性。LM324 的 11 脚接电源$+V_{CC}$，4 脚接地。

（1）电路静态调试。单电源供电的运放为了在放大交流信号不失真，其输出端的静态电位应设为 $1/2V_{CC}$。选万用表直流电压 50V 挡，用黑表笔接地，红表笔分别接 LM324 的 1、7 和 8 脚，看三个运放输出端的静态电位是否为 $1/2V_{CC}$。然后再测 TDA2003 的 4 脚，此处的静态电位也是 $1/2V_{CC}$。在功放的静态调试中要注意其发热情况，静态时它的发热越轻越好。

（2）电路动态调试。动态调试可以借助低频信号源和双踪示波器来进行。低频信号源选 1000Hz、5mV，加在话筒输入端上，并将 R_{p11} 滑动臂调到最上端，使送至前置级输入信号为最大，然后用示波器观察 U_{o2} 的输出波形。然后再将低频信号源调到 100mV，加在线路输入端上，并将 R_{p12} 滑动臂调到最上端，再用示波器测 U_{o2} 并观察波形的变化情况。接下来将 U_{o2} 送到音调控制电路的输入端上，并用示波器观察 U_{o3} 的波形变化情况，最后将 U_{o3} 送至功放的输入端上，此时喇叭会有交流声，将音量电位器调整到适当位置，然后用示波器观察喇叭两端的波形。在调试过程中要注意 TDA2003 的发热情况，如果发热过大，要将输入信号降低或停止调试，并分析其原因。

项目 5　十字路口红绿灯控制电路

项目分析与资讯

我们几乎每天都要经过带有红绿灯的十字路口，而且也十分习惯红绿灯自动指挥来往的行人和车辆有序通行。红、黄、绿三种灯分别具有不同的含义，就是通常说的"红灯行"，"绿灯停"，而黄灯的作用是给绿灯方向还在行进车辆的司机一个信息：马上要切换为红灯，赶快作出决定，要么快速通过，要么减速。南北方向和东西方向的红黄绿灯都是用过控制电路按照事先设定时间间隔完成点亮和熄灭的自动切换。由于路况不同，所以东西和南北方向的通行时间可以是不同的，一般来说主干线的车流量大，设定的通行时间就要长一些。十字路口红绿灯控制电路实际上就是由多个定时器组成的控制电路。

2.5.1　电路原理框图

十字路口红绿灯控制电路要用到多个定时器，他们必须要协调工作，一是不能各自独立，即不能在两个方向上同时为红灯或同时为绿灯；二是定时器之间要按照规定时间依次动作。假如我们用一个框图描述一下东西方向绿、黄、红三个灯点亮的顺序，如图 2-23 所示，在定时器 1 工作时绿灯被点亮 60 秒，在定时器 1 工作完毕后同时启动定时器 2，定时器 2 有两个控制作用，一个是利用他输出的脉冲高电平控制振荡器，振荡器以每秒钟输出一个方波来点亮黄灯（黄灯闪亮），定时器 2 工作时间为 5 秒，这也就是黄的被点亮的时间；第二个控制就是当定时器 2 结束工作的同时用输出脉冲的下降沿启动定时器 3，定时器 3 工作时间也为 60 秒，这是红灯被点亮的时间，当定时器 3 工作结束时又必须启动定时器 1，开始下一个循环。

上面我们仅是分析了东西一个方向三个灯自循环的工作情况，没有顾及到南北方向的绿黄红三个灯是如何工作的。前面我们讲过，两个方向必须协调工作，不能各自独立。所以要整体考虑，首先我们要做个规划，即将东西和南北两个方向的主次关系确定一下，然后确定各自的通行时间，如

表 2-1 所示。

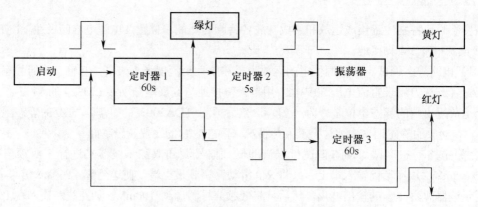

图 2-23　红绿灯定时器控制原理框图

表 2-1　各定时器工作时长的规划

	主定时器 1（90 秒）		主定时器 2（50 秒）	
南—北（干线）	绿灯 87s	黄灯 3s	红灯 50s	
东—西（支线）	红灯 90s		绿灯 47s	黄灯 3s

按照这样的规定我们可给出这个路口红绿黄灯的整体工作的原理框图，如图 2-24 所示。

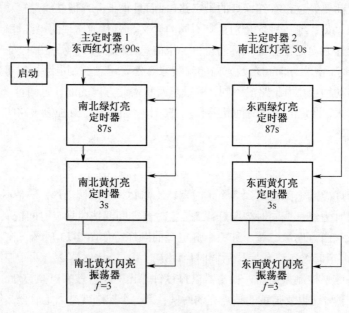

图 2-24　带有两个主定时器的红绿灯控制原理框图

这里设有两个主定时器，主定时器 1 控制东西方向红灯，同时又控制南北方向的绿灯和黄灯；主定时器 2 控制南北方向红灯，同时又控制东西方向的绿灯和黄灯，这样就将两个方向红绿灯的工作关系协调起来了。

2.5.2 单元电路原理

1. 两个定时器的自循环控制电路

由上面的分析可知，解决本项目的关键是多个定时器循环工作方式的问题，为此，我们先分析两个定时器之间的自循环控制过程，如图 2-25 所示。

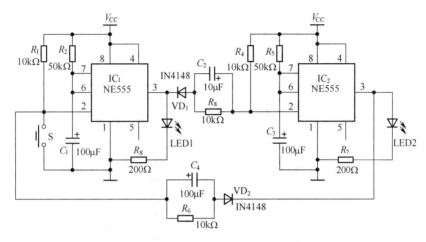

图 2-25 两个定时器自循环控制电路

从图 2-25 可以看出，两个 555 定时器的输出都各接一个发光二极管，代表交通灯。每个 555 的输出端都连到另一个 555 的输入端上，即构成循环工作方式。我们知道 555 定时器的 2 脚为定时器的触发输入端，低电平有效，而 555 的 3 脚在定时器工作期间为高电平，工作结束后为低电平，这似乎刚好满足下一个 555 定时器的触发要求，也就是说，可以将两个定时器首尾直接相连，但是不行，这里我们注意到两者的连接是通过二极管、电阻、电容来完成的，这是为什么呢。这三元件组成的电路可称为触发隔离电路。我们大概没有注意到 555 的第 2 管脚的触发信号必须是短时的这个要求，否则会影响 555 的正常工作。触发隔离电路既能完成触发，又能实现隔离。原理可由读者自行分析。

在 IC_1 的输入装有一个按键，它是定时器的启动开关，只是在启动时用一次，定时器一旦被启动，就可以循环工作了。那么能否让定时器在接通电源时自动开始工作呢，这个要求很有必要，因为十字路口红绿灯控制设备在工作中可能会遇到停电的问题，如果再来电时，总不能让每个路口都去一个工作人员启动定时器吧，这个问题留给读者来解决。

2. 单向自循环控制电路（EWB 仿真）

单向自循环控制电路的工作原理可以通过 EWB 仿真得到证实，如图 2-26 所示。这里第一个 555 定时器输出端接的小灯可以认为是绿灯，中间的定时器可视为黄灯定时器，最后的 555 是工作在振荡状态，其输出端接的小灯应为黄灯，在振荡器的作用下，他的亮灭是交替的。

一个电路能否正常工作，取决于两个基本要素，一是电路结构的合理性，二是电路参数的合理性。因此，在搭建一个电路时要先满足电路结构的合理性，然后再通过测试和调整使电路参数趋于合理。

图 2-27 所示电路是按单向循环，即："绿灯亮（87 秒）－黄灯闪亮（3 秒）－红灯亮（90 秒）－绿灯亮"安装的实验电路，电路中用了四个 555 电路，其中红、黄、绿三个灯各需一个定时器，另一个是用于黄灯闪亮控制的振荡器，经调试电路能够正常工作。

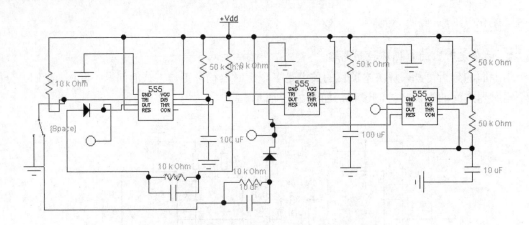

图 2-26　两个定时器自循环 EWB 仿真电路

图 2-27　红绿灯单向循环实验电路

3. 双向循环控制电路

　　按图 2-24 所示规划的设计思路和对图 2-26 进行的虚拟仿真测试以及对图 2-27 实验电路进行的安装调试结果分析，可进一步实现双循环控制，电路分为两个部分，原理如图 2-28 和图 2-29 所示。实现双向循环控制就是以南北和东西两个方向的红灯的定时器分别作为主定时器 1 和主定时器 2，这两个定时器在时序上是衔接的，故可以将这两个主定时器的首尾相连，即实现两个不同方向上的红灯循环交替。南北向和东西方向红灯点亮的时长可设为不同，这是因为支线的车流量较小，而干线的车流量大的原因。

　　由图 2-28 可以看出主定时器 1 一方面控制南北方向红灯，又控制着东西方向的绿灯和黄灯，这是因为两个方向的时间必须是对等的。主定时器 1 控制东西方向的绿灯定时器和黄灯定时器是通过 555 的第 4 脚来实现的。4 脚为强迫复位端，低电平有效。在主定时器 1 输出高电平控制东西红灯点亮时，正好为 IC$_2$ 和 IC$_3$ 的 4 脚送去高电平，使他们具备了工作的条件。首先工作的是南北方向的绿灯定时器，他将绿灯点亮 87 秒后绿灯熄灭，同时启动黄灯定时器，黄灯定时器输出的高电平送到 555 振荡器的 4 脚上，振荡器开始振荡使黄灯开始闪亮。当主定时器 1 的工作时间到 90 秒时，输出变为低电平，东西方向的红灯熄灭，同时南北方向的黄灯也停止闪亮。

　　由于两个主定时器是首尾相连的，即主定时器 1 的输出端与主定时器 2 的输入端相连，主定时器 2 的输出端与主定时器 1 的输入端相连，当主定时器 1 控制东西方向红灯结束时，在输出低电平的同时，主定时器 2 被启动，南北方向的红灯被点亮，东西方向的绿灯和黄灯也相继开始工作。

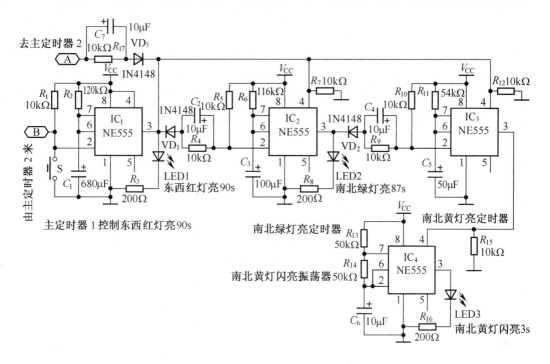

图 2-28　主定时器 1 控制东西红灯电路

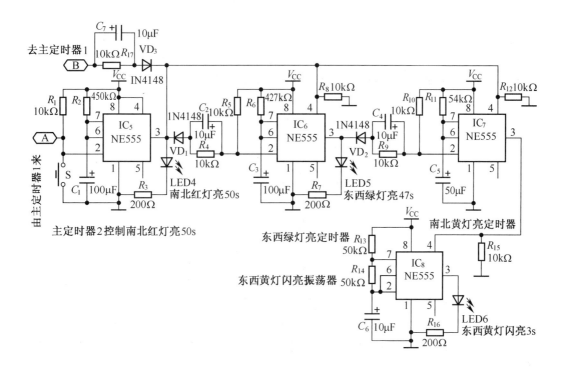

图 2-29　主定时器 2 控制南北红灯电路

4. 红绿灯驱动电路

现代的交通红绿灯已经开始采用具有节能效果的 LED 组合光源。每一个灯组都需要几十个 LED 发光二极管，那么如何来驱动绿、黄、红三个灯组，用继电器显然不合适，因为继电器的触点不适合频繁地动作，否则会出现使用不可靠和影响使用寿命等问题。在这里应当采用无触点的电子开关。TWH8778 是一种可以高速工作、输出电流可达 1A（输入电压为 24V 时）的专用电子开关，用他控制 LED 灯组的电路如图 2-30 所示。他的最大输入电压为 30V，5 脚加高电平（高电平应在 6V 以下，典型值为 1.6～2V）时开关处于导通状态，加低电平时为截止状态。

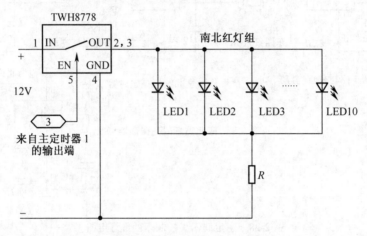

图 2-30 红绿灯驱动电路

通过前面的分析，我们已经看到本电路需要用 8 个 555 电路，在实际应用时为了节省空间可以使用集成双 555 即 556 电路，一个 NE556 的内部有两个 555。一个 NE555 有 8 个管脚，而一个 NE556 只有 14 个管脚。本电路用 4 个 NE556 即可。NE556 管脚功能如图 2-31 所示。

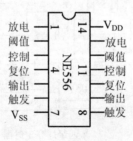

图 2-31 NE556 管脚图

通常在新产品研制过程中都先要制做一个实验电路来对电路的结构、性能和参数进行测试，以取得最佳数据。实验电路要按照原理图来设计印刷电路板，图 2-32 是用 4 个 556 组装红绿灯电路的主要元件布置图，在印制板设计时首先要确定主要元器件的位置，如主要集成器件的位置、输入输出器件位置和电源引入位置等，然后再考虑其他元器件。图 2-33 是印制板元器件布置图，图 2-34 是绘制好的印刷电路板图。

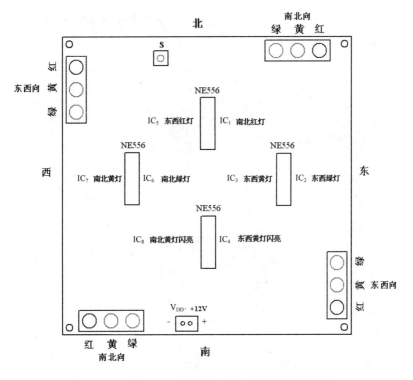

图 2-32　十字路口红绿灯控制电路主要元器件布置图

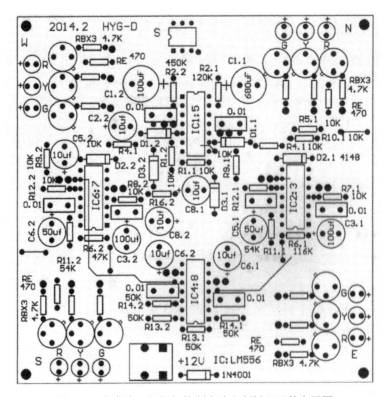

图 2-33　十字路口红绿灯控制电路印制板元器件布置图

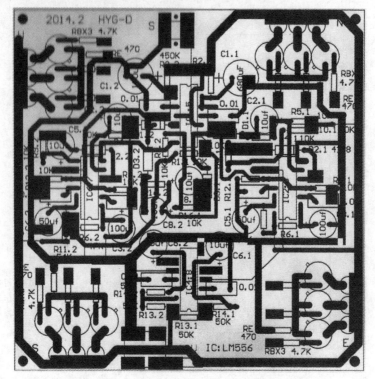

图 2-34　十字路口红绿灯控制电路印制板电路图

2.5.3　电路安装与调试要点

（1）本电路的关键部分是定时器实现循环控制的问题，这主要取决于每两个定时器之间信号的正确传递，在安装中要注意二极管的极性不能接反，否则信号无法传递。

（2）安装时应先安装两个主定时器，因为他们决定着南北和东西两个方向红灯的循环控制，还因为在主定时器工作的同时，其他定时器才能工作。

（3）在定时器调试时，要注意 555 电路 4 脚的状态的切换，它在低电平时，555 电路不能工作，即强迫复位。

（4）每个定时器的工作时长由各自的阻容元件参数决定，如果电容器有严重漏电，会影响定时时间的准确性。

项目 6　轿车门窗玻璃升降控制电路

项目分析与资讯

现代家用轿车门窗玻璃的升降早已不用手力摇动手柄的方式，而是采用电动方式，即用汽车蓄电池驱动小型直流电动机通过传动机构带动玻璃移动，若电动机正转时带动玻璃上升，则反转时玻璃就向下移动。改变直流电动机转子转向的方法是通过改变电动机电枢绕组中的电流方向来实现的，也就是说，改变直流电动机转向可以通过切换直流电源的极性来实现，这可以用小型直流继电器或功率三极管来进行控制。电动机正反转控制信号可以用桥形开关来产生。上述要求的实现都比较容易，但有一个问题必须注意到，在玻璃上升或下降走到尽头时，电动机的转子会被闷住，这样就会出现过载现象。此时如果操控者一直在发出电动机上升或下降信号，电动机中的电流会剧增，因而出现严重过载导致电动机绕组被烧坏，当然这种情况绝对不允许发生，为此，电路中要有电动机过载保护电路。

2.6.1 电路原理框图

电路原理框图如图 2-35 所示。

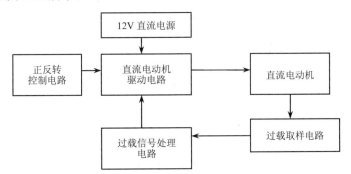

图 2-35   轿车门窗玻璃升降控制原理框图

2.6.2 单元电路原理

1. 直流电动机正反转驱动电路

电路如图 2-36 所示。电动机正反转驱动可通过两个继电器的触点切换电源电压极性来实现，在两个继电器线圈都不得电时，电机为静止状态，当正转继电器线圈得电后，其触点 KA 正动作，使电动机得电正向运转。如果在静止状态下，反转继电器线圈得电，其触点 KA 反动作，电动机反向运转。两个继电器线圈不能同时得电。

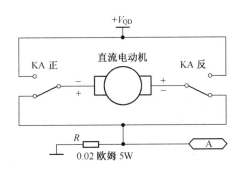

图 2-36   直流电动机正反转驱动电路

2. 直流电动机正反转驱动控制电路

电路如图 2-37 所示。电动机正反转驱动控制就是对两个继电器线圈进行控制。控制电磁线圈经典的作法就是用三极管驱动，这里要求三极管工作在开关状态。两个三极管的饱和或截止是通过一个三位开关控制。所谓三位开关，是指动触点在两个静触头之间有个静止位，静止位是个空位。使用时动触点接电源正极。两个静触点分别接两个三极管的基极。三位开关由手动控制，在不接触开关手柄的情况下，开关动触点处于中间位置，当需要控制玻璃升降时，将开关手柄搬向某一侧，相应的三极管就会饱和导通，使线圈得电，电动机开始运转，在传动机构的带动下，玻璃产生上升或下降的位移，当手离开开关手柄时，动触点自动复位回到中间位置。

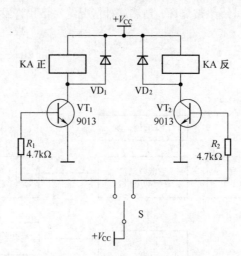

图 2-37　直流电动机正反转驱动控制电机

3. 过载保护电路

当车窗玻璃在上升或下降走到了尽头时，如果操控者的手一直不离开开关，电动机就会出现闷转现象，导致电流迅速增加，严重过载会使电动机绕组因过热而损坏，这是绝对是不允许的。因此，在系统中应设有过载保护电路。过载保护电路的作用就是在电动机出现过载时，迅速切断电动机的电源回路。

（1）过载取样电路。

过载保护电路是在过载发生时产生保护动作，也就是说，要使过载保护电路动作，必须要有过载信号。过载是指电动机绕组的电流过大，如正常工作电流为 1A，而过载时可达到 6A 以上。我们可以在电动机绕组回路中串一个小阻值大功率的电阻，如图 2-36 中的电阻 R，其上的电压就可以反映出电动机的工作状态。

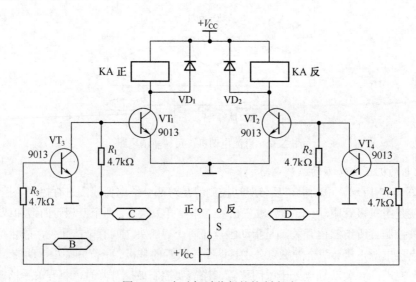

图 2-38　电动机过载保护控制电路

（2）过载保护控制电路。

在电动机过载的情况下，如何切断电动机的工作电源。由图 2-36 和图 2-37 可知，切断电动机电源的办法就是要断开继电器线圈的电源，也就是让处于饱和状态的三极管强迫其变为截止状态。三极管在饱和状态时其发射结的正向压降为 0.7V（硅管），这时要强迫其截止就必须将基极电位降至 0.5V 以下。为了达到这个目的，我们另外用两个三极管 VT_3 和 VT_4 分别控制 VT_1 和 VT_2 的基极电位，如图 2-38 所示。我们知道，当三极管饱和时，其饱和压降，即集电极和发射极之间的压降小于 0.3V。由电路分析可知，只要 VT_3 和 VT_4 处于饱和状态，VT_1 和 VT_2 就会截止。那么现在的问题集中到了怎样使 VT_3 和 VT_4 饱和，这就是下面要讨论的问题。

（3）过载信号处理电路。

过载信号有了，过载保护控制电路也有了，现在的问题是如何对过载信号进行处理，使之变成能够使 VT_3 和 VT_4 饱和的控制信号。

首先，要对电动机的工作状态进行分析，通过实测取得相关数据，作为判断电动机过载的依据。电动机工作状态的数据测试有两个内容，一个是正常工作时的电流在取样电阻上的压降，另一个是过载时过载电流在取样电阻上的压降，假如，电动机正常工作电流为 1A，过载时为 6A，取样电阻的阻值为 0.02Ω，这样我们就得到电动机正常工作时，取样电阻上的压降为 0.02V，过载时的压降为 0.12V。

有了电动机的运行数据后，就可以利用电压比较器的功能对电动机的工作状态进行比较判断，然后产生过载保护电路的动作信号，如图 2-39 所示。

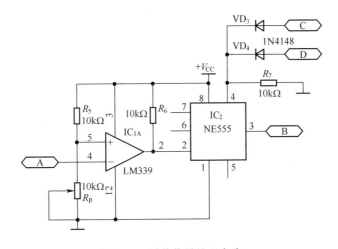

图 2-39　过载信号处理电路

图 2-39 所示电路中的电压比较器是以同相输入端作为给定端，给定电压数值的确定是要根据过载时取样电阻上的压降值 0.12V 来设定，这里我们可以将给定电压设为 0.1V。当电动机正常运行时，通过取样电阻获取的电压送到电压比较器的反向输入端时，由于此时的电压远小于给定电压，根据"$V_+ > V_-$，$V_O = 1$"判断，故电压比较器输出应为高电平。当电动机出现过载时，即反相输入端的信号略大于 0.1V 时，根据"$V_+ < V_-$，$V_O = 0$"判断，电压比较器输出应为低电平。这个低电平就是过载保护控制电路的动作信号，但这个信号需要保持，否则会出现过载保护控制电路将电动机电源切断后，过载信号也同时消失，这样继电器触点又会动作使电动机重新得电，这种现象会反复出现。所以过载信号需要保持，555 电路在这里的作用就是对过载信号进行保持，555 电路输出的高

电平信号送到 VT_3 和 VT_4 的基极后，使他们全都饱和，这样无论是 VT_1、VT_2 哪个处于饱和导通状态都会被强迫截止。

最后还有一个问题就是 555 电路的复位问题。555 电路如果不复位，电动机就不能朝着和原来转向相反的方向运转。555 电路复位可以通过它的 6 脚或 4 脚来实现。这里我们对 4 脚的作用进行了这样的设计：在电动机正常工作时，4 脚应接高电平使 555 处于工作状态，由图 2-34 和图 2-35 可以看出，此时 4 脚的高电平是通过操作升降开关 S 提供的，当电动机出现过载后，555 电路被置 1 输出高电平后，这时升降开关 S 如果归位，4 脚脱离高电平，由于 4 脚接有一个下拉电阻，相当于将 4 脚接地，这样 555 电路就被复位。

4. 供电电源

汽车门窗玻璃升降控制电路的工作电源可取自汽车的蓄电池，但蓄电池也要向直流电动机和其他设备供电，工作电流变化较大，会使蓄电池输出的电压不够稳定，所以要用一个直流稳压电路来解决供电电压稳定的问题。这里用一个三端集成稳压器将蓄电池输出的 12V 电压变换为稳定的 5V 输出。供电电源如图 2-40 所示。

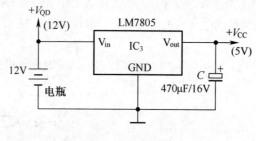

图 2-40 供电电源

2.6.3 电路安装与调试要点

（1）在继电器安装之前要用万用表测试其常开和常闭触点，以确定各触点引脚位置。

（2）注意 VD_1、VD_2 的极性，在安装时不要搞反。

（3）LM339 电压比较器的输出是 OC 门输出，使用时必须外接一个上拉电阻，不可忘记。

项目 7　键盘显示电路

项目分析与资讯

有一些电子产品在使用时需要通过数字键盘输入数字信息，在输入数字的同时可以从显示器中观察到所输入的信息是否正确。如果输入的数据正确，接下来可以将这组数据通过某种方式发送出去；如果数据不正确，那就要先删除然后重新输入。能完成上述功能的电路称为键盘显示电路。在这样的一个电路中使用了哪些器件，可以完成数字输入、数字显示及删除等功能，这是个典型的数字电路中和"数字"打交道的问题。首先从键盘输入分析，键盘上的数字键有 0～9 十个，我们都知道，数字电路只能对二进制数进行处理或运算，输入的十进制数必须要转换为二进制数的 BCD 码，常用的是 8421 码。如果输入的是手机号，那就要 11 组 8421 码，即需要 44 位二进制码。这些数码需要有个停留的地方，否则，手指一离开按键，输入的数据就消失了。接下来就是如何以十进制的方式显示的问题，将 8421 码显示为十进制数码需要译码。

2.7.1 电路原理框图

键盘显示的原理框图如图 2-41 所示。他由数字键盘、十一四线编码电路、锁存电路和译码显示等电路组成。

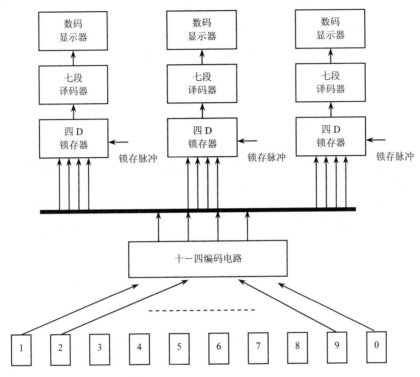

图 2-41 键盘显示电路原理框图

数字按键的结构及产生的信号都是相同的，即按下任何一个数字键都会产生相同的电信号，但不同的是每一个数字键产生的信号送达的地方不同，因而会产生不同的效果，这就是组合逻辑电路十一四线编码器所具有的功能，他可以按"位"编码，所谓按位编码，是指每一个输入位都对应一组 8421 码，如 3 号位的输出编码为 0011，7 号位的输出编码为 0111。

每按下一个数字键就会产生一组 8421 码，每一组 8421 码都需要四个具有记忆功能的触发器来保存，四 D 锁存器内部有四个 D 触发器，可以存放一组 8421 码。如果输入的是 11 位手机号码，那就需要 11 个四 D 锁存器。但这里有个要求，就是锁存器必须按输入信号的先后顺序来完成数据的存放，否则数据的意义就发生变化。

七段译码器也是一种组合逻辑电路，同时还具有驱动作用，输出电流可以点亮 LED 数码管。

2.7.2 单元电路原理

1. 键盘输入电路

键盘按结构不同分为：机械式按键、电容式按键和轻触薄膜按键。机械触点式按键是最早被使用的，优点是结构简单、制作容易、成本低，缺点是易磨损，使用久后易产生接触不良现象。

图 2-42 所示电路是由机械式按键组成的开关电路，他是用来为某些电路提供开关信号。在两种接法中，一个输出高电平有效，另一个输出低电平有效。在使用时要根据输入电路的要求来选择。

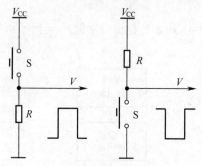

图 2-42　按键开关电路

2．十进制转换 8421 码电路

有专用的集成电路可以将数字键盘输入的信号转换为 8421 码，型号为：CD40147（CMOS 型）和 74HC147（TTL 型）。其管脚功能如图 2-43 所示。

由 CD40147 的管脚图可知左侧管脚为输入端，且输入低电平有效，可对应接 0～9 十个按键；左侧管脚为输出端，即 8421 码输出端，低电平有效（反码输出）。16 和 8 脚接电源。按键与 CD40147 的连接方法如图 2-44 所示。

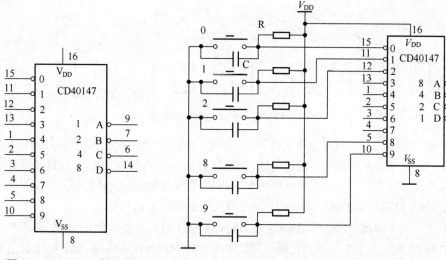

图 2-43　CD40147 管脚图　　　　　　图 2-44　按键与 CD40147 的连接

3．8421 码锁存电路

每次按下的数字键都是由 CD40147 完成 8421 码的转换，但转换出的信号必须要暂存在一个地方，否则信号就丢失了。CD4042 四 D 锁存器可以担当这个任务。管脚图如图 2-45 所示。CD4042 内部有四个 D 触发器，时钟控制端 CLK 是共用的，在 6 脚为高电平的情况下，时钟为高电平时可完成数据锁存。CD4042 与 CD40147 的连接方式如图 2-46 所示。

由于 CD40147 是采用反码输出，CD4042 接受的也是反码，但 CD4042 中的 D 触发器可以通过"非"端按原码输出。

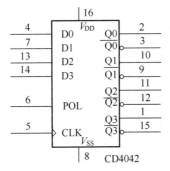

图 2-45　CD4042 管脚图

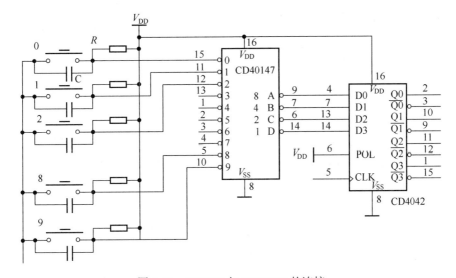

图 2-46　CD4042 与 CD40147 的连接

本项目中假设每次要输入三位十进制数，所以选用了三片 CD4042，他们的输入端应当是并联关系，如图 2-47 所示。既然输入端并联在一起，那他们怎样按照先后顺序来保存数据呢。CD4042 设计的原理是在时钟脉冲为高电平时为数据输入，即将数据送到 D 端，当时钟脉冲变为低电平时，输入的数据被锁存。所以，只要按一定顺序（IC$_2$、IC$_3$、IC$_4$）给三个 CD4042 依次送去（CP1/CP2/CP3）"锁存脉冲"就可以控制数据存储的位置。这里 IC$_2$ 为高位，储存第一组数据，IC$_4$ 为低位，储存最后一组数据。

4. 锁存脉冲产生电路

锁存脉冲产生电路的作用是为多位 CD4042 产生锁存数据所需要的锁存脉冲。这里要明确以下几点：

（1）产生锁存脉冲的个数要与 CD4042 的位数相等。

（2）锁存脉冲产生后需要保持。

（3）锁存脉冲要按序产生，并送到指定位置。

（4）复位时，锁存脉冲全部消失。

这里我们还是想到 D 触发器的一种用法，即用多个 D 触发器可以组成"移位寄存器"。CD40175 也是一个四 D 触发器，管脚图如图 2-48 所示。和 CD4042 不同的是他有复位控制端 RST。

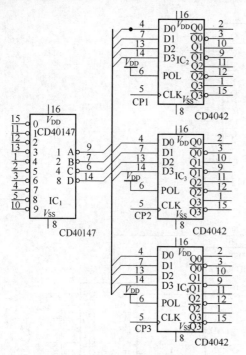

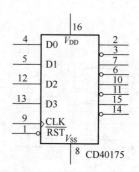

图 2-47　三片 CD4042 与 CD40147 的连接　　　　图 2-48　CD40175 管脚图

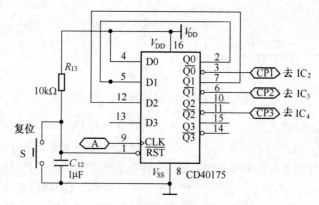

图 2-49　锁存脉冲产生电路

将 CD40175 接成移位寄存器如图 2-49 所示。这里用了三个 D 触发器准备产生三个锁存脉冲。注意三个触发器的输入端和输出端的接线关系，最低位的 D 触发器的输入端 D_0 接到电源正极上，这相当接"1"，而另外两个输入端 D_1 和 D_2 分别在各自下一位 D 触发器的 Q 端上，这相当于将低位的输出信号送到高位的输入端上。通电工作时电路先通过 R_{13} 和 C_{12} 组成的上电复位电路复位，所有 D 触发器的 Q 端输出均为"0"（反相端为输出为 1），输入端只有 $D_0=1$，其他 $D_1=D_2=0$，此时若在时钟输入端 CLK 加三个脉冲，根据 $Q_{N+1}=D$ 可知，三个 D 触发器输出端将依次由"0"变为"1"，其"非"输出端由"1"变为"0"，这就是三个 CD4042 所要的顺序锁存脉冲。但这时我们要问了，CD40175 的时钟脉冲是从哪里来的。我们怎么也想不到这个时钟脉冲会从键盘按下数字键的同时产生的，其原理如图 2-50 所示。

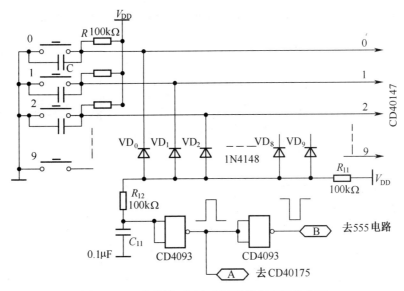

图 2-50　一个按键可以产生两种控制信号的电路

这里我们只画出三个按键，即 0、1、2 三个按键，每个按键都有他的特定用途，但在这里每个按键都增加了另外一种功能，实现"一键双雕"。这个附加的功能就是为 CD40175 产生时钟脉冲。在电路中我们看到在每一个按键的信号线上都接有一个二极管，二极管的阳极连在一起，这是一个巧妙的用法，无论按下哪个键，在二极管的阳极端都可以变为低电平，而按键之间互不影响。二极管在这里即起到或门的作用，也起到隔离作用。在按下数字键的同时，二极管的阳极点为由高变低，然后会通过电阻、电容及施密特反相器等组成的充放电及整形就可产生出时钟脉冲。原理是：在没有按下数字键时，电容 C_{11} 通过 R_{11} 和 R_{12} 充电，电容的上端为高电平，通过 CD4093 反相变为低电平。当按下某个数字键时，电容通过二极管对地放电，电容的上端瞬间变为低电平，经过 CD4093 反相和整形作用，就形成了一个标准的矩形脉冲，这也就是 CD40175 所需的时钟脉冲。

5. 七段译码及显示电路

电路如图 2-51 所示。七段译码电路 CD4511 可以将 CD042 输出的 8421 码变为输出端的七种状态，这七种状态可使对应的 LED 被点亮，数码管显示的结果应和所按下的数字键相对应。

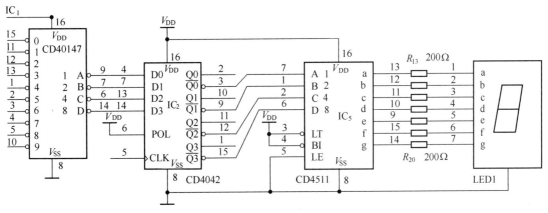

图 2-51　CD4042 与 CD4511 的连接

在图 2-52 所示电路中，仅表明三片 CD4511 与三片 CD4042 信号连接关系。

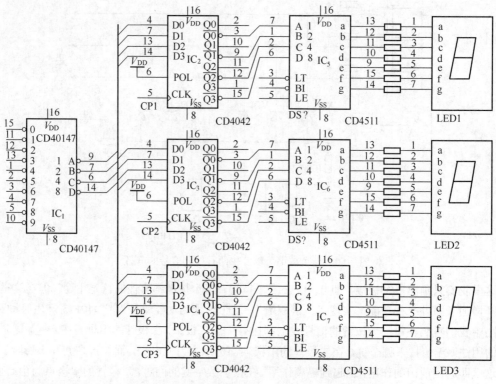

图 2-52　三片 CD4511 与三片 CD4042 信号连接关系

6. 按键提示音电路

按键提示音电路的功能是在按下按键的同时产生一个短促音响，其作用是让使用者在按下按键时能够确认按键信号是否发出，电路如图 2-53 所示。

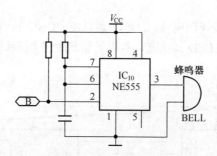

图 2-53　按键提示音电路

这里的 555 电路组成一个单稳态电路。他输出的单稳态时间很短，仅持续 0.5 秒。电路中的蜂鸣器是一种有源发音器件，接上 5V 电源就能发音。当 555 电路输出高电平时就相当于给他接通电源，由于 555 电路输出高电平只能维持 0.5 秒，所以蜂鸣器只能发出很短暂声音。555 电路的输入信号也是从锁存脉冲产生电路中产生。因为 555 电路的 2 脚输入要求低电平有效，故需要对"A"点的脉冲信号反相变为"B"点信号才可以使用。

2.7.3　电路安装与调试要点

（1）在调试 CD40147 电路时，将某一个输入端（3 键）对地短接，然后用万用表直流电压档分别测输出端，注意输出结果是 8421 反码输出，应为 1100。

（2）在连线时要注意 CD40147、CD4042、CD4511 他们之间的信号线位置不能接错，否则传送的数据就会出现错误。

（3）在调试 CD40175 电路时，要结合键盘电路，每次按下三个按键，CD40175 的三个输出端会依次输出高电平。在两次测试的中间，要注意用复位按钮复位。CD40175 输出的三个锁存脉冲送达的位置不能搞错，CP1 就是去 IC2 的 CP1 端；CP2 是去 IC3 的 CP2 端；CP3 是去 IC4 的 CP3 端。

图 2-54 所示为键盘显示电路功能测试电路，图 2-55 和图 2-56 分别为键盘显示电路译码及显示 PCB 板以及主电路 PCB 板。

图 2-54　键盘显示电路功能测试电路

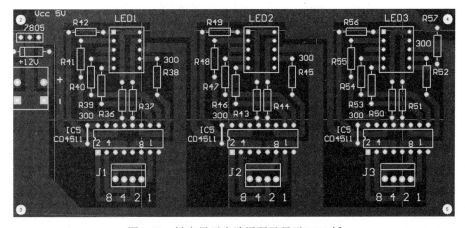

图 2-55　键盘显示电路译码及显示 PCB 板

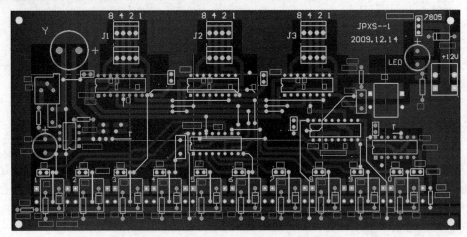

图 2-56　键盘显示电路主电路 PCB 板

项目 8　人体心率/心律测量电路

项目分析与资讯

人的心脏是人体最重要的器官，他是血液的泵站，负责向身体的各个部位输送养分。心脏工作起来非常敬业，在正常情况下他不会停歇，也不会怠倦，但是，在人体出现某些问题的时候，心脏就会出现异常，比如出现心率过速或过缓，或者出现"偷停"即心律不齐等现象。生命是宝贵的，每个人都需要提高自我保健意识，医学专家经常提醒人们对于疾病要做到早发现早治疗。对于普通百姓的家庭买一台专业级的心率测量仪显然是不现实的，但用普通的元器件安装一台简易的心率/心律测量仪还是可行的。心率和心律是两个概念。心率是指心脏每分钟搏动的频率，而心律是指心脏搏动的节律。正常人的心率在 70～80 左右，心律应当是平稳的。

2.8.1　电路原理框图

人体心率/心律测量电路原理框图如图 2-57 所示。

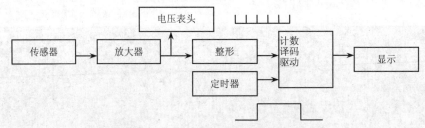

图 2-57　人体心率/心律测量电路原理框图

各部分说明如下：

（1）传感器。获取人体心脏搏动信号的方法可以有两种途径，一是利用压力传感器将脉搏的跳动变换为电信号，这可以用廉价的压电陶瓷片来实现。压电陶瓷片具有压电效应，它具有两个电极，当外力的作用在两个极上时，两极间会产生一个微弱的电场；另一个方法是用发光二极管和光敏电阻组成的光电传感器将手指血流量的涌动变换为电信号，人体内各部分血液在心脏的作用下有规律地涌动，这个涌动会引起血液浓度的变化，将人的手指放在发光二极管和光敏电阻之间时，发光二极管发出的光可以透过手指照射到光敏电阻上，由于血液涌动产生血液浓度的变化使透光的强弱也随之变化，这样光敏电阻的阻值就随之变化。

（2）放大器。以上两种传感器产生的信号都很微弱，一般需要两级放大才能达到可利用的程度。

（3）电压表头。从传感器产生的信号可以获得三种信息，一是心脏搏动的频率，二是心脏搏动的节律，三是心脏搏动的力度。将一个小型直流电压表头接在放大电路的输出端上，可以观察到心脏搏动的节律和力度，从电压表的指针往返摆动的轨迹可以了解心脏搏动的节律，从表针摆动的幅度大小可以了解心脏搏动的强度。

（4）整形电路。由传感器产生的脉动信号不适合直接用在数字电路中，因为这种脉动信号的波形不规整，不容易数字电路的识别，所以要用整形电路对其整形，变成标准的矩形脉冲。

（5）计数电路、译码及驱动电路。测心率就是要对心脏的搏动进行计数统计。因为十进制计数器是以二进制数码来表示的，所以要经过译码才能显示十进制。译码电路输出的电流很有限，不能直接驱动 LED 数码管，要通过驱动电路才可以。

（6）定时器。心率是指在单位时间内心脏搏动的次数，通常单位时间取 60 秒。所以对计数器的计数要限制在 60 秒内，这样就需要一个定时电路产生一个 60 秒宽的脉冲去控制计数器的计数时间。

2.8.2　单元电路原理

1．光电传感器及放大电路

电路如图 2-58 所示。光电传感器由发光二极管、光敏电阻和电阻 R_1、R_2 组成，其中发光二极管应选用红色超亮型的。光敏电阻的亮阻大约为 3kΩ 左右，暗阻约为 12kΩ 左右。光敏电阻与电阻 R_2 产生分压作用，这样当发光二极管发射出的光线通过手指产生变化时，光敏电阻阻值会随之变化，这样光敏电阻上的压降也就随之变化生成一个很微弱的脉动信号。这个脉动信号需要通过两级放大才能达到可利用的程度。放大电路采用集成四运放 LM324。

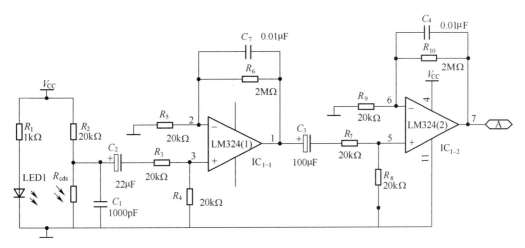

图 2-58　光电传感器及放大电路

2．表头显示及整形电路

电路如图 2-59 所示。经过电压放大后的信号分为两路，一路送到表头显示电路，通过直流电压表头的指针的摆动来显示人体的心律变化。另一路送到由 555 电路构成的整形电路。用 555 构成的整形电路很简单，就是它的 2、6 脚连在一起作为输入端即可。经过整形作用，放大电路输出的脉动信号就变成了标准的方波信号。

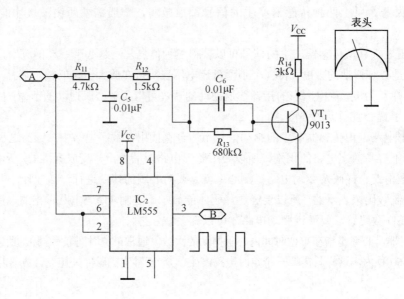

图 2-59　表头显示及整形电路

3. 计数及定时电路

电路如图 2-60 所示。计数电路要对脉搏搏动的次数进行统计，555 整形电路输出的信号就是计数器的计数脉冲，每一个计数脉冲代表脉搏的一次搏动。十进制计数器有不同类型的，如：74LS190、CD40110、MC14553，前两种适用于一对一的 LED 静态驱动显示的计数电路中，后一种在计数时，可以实现三位 LED 动态驱动显示。

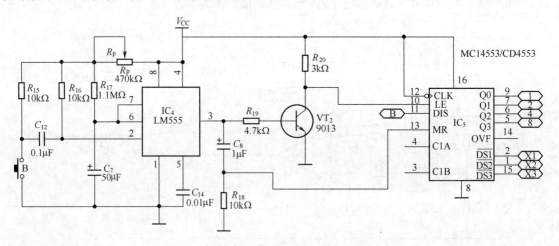

图 2-60　计数及定时电路

MC14553 内部有三个十进制串行计数器，通过数据选择器送至一个输出端口 Q_0、Q_1、Q_2、Q_3 上，同时输出位选信号 DS_1、DS_2、DS_3，这样它就可以控制三位 LED 数码管了。

定时电路为计数电路提供 60 秒计时闸门控制信号。这由 555 电路组成的单稳态电路来完成定时功能，通过合理选择参数 R_p、R_{17}、C_7，可以使定时器输出的脉冲宽度为 60 秒。电路中 C_8 和 R_{18} 组成 MC14553 的计数自动复位电路，每次重新计数之前必须先进行复位。在每次进行脉搏测量时，都要按下定时器的触发按钮，计数器才能开始计数。MC14553 管脚如图 2-61 所示。

图 2-61　MC14553 管脚图　　　　图 2-62　MC14543 管脚图

4. 译码及显示电路

十进制计数器输出的 8421 码通过译码才可以通过 LED 显示。由于计数器采用的是 MC1553，所以只用一片七段译码器即可。型号为：MC14543。其管脚排列如图 2-62 所示。电路中的三个三极管是用于接收 MC14553 发出的位选信号，哪个三极管接收到位选信号，对应的 LED 就可以显示当前数据。电路如图 2-63 所示。

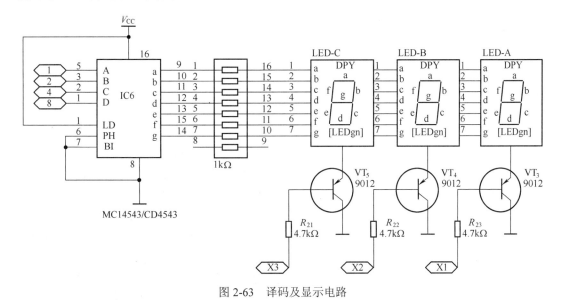

图 2-63　译码及显示电路

2.8.3　电路安装与调试要点

（1）将传感器中的元器件安装在一个密封的小塑料盒内，并在一侧开一个小孔用于接线，在另一侧再开一个可以插进手指的大孔。在小盒的内部，按收手指可以插进的位置确定红色发光二极管和光敏电阻的上下相对位置，要做到发射面和接收面在一个垂直线上，以保证光线的接收。

（2）放大电路和传感器连接并通电，此时红色发光二极管应点亮，然后将手指插进小盒内，用万用表直流电压挡测放大电路的输出电压的变化。正常情况下表指针会有规律地摆动。同时测 555 整形电路的输出端，也应该有信号输出。

（3）将 555 整形电路输出的脉冲信号送到 MC14553 的 DIS 管脚上，按下启动按钮，观察 LED

数码管的显示情况，正常时数码管在 60 秒内显示的数据会不断增加，到 60 秒后 LED 数码管显示的数据被锁定不再变化，但此时电压表头的指针仍在摆动。

安装好的人体心率/心律测量仪产品如图 2-64 所示。

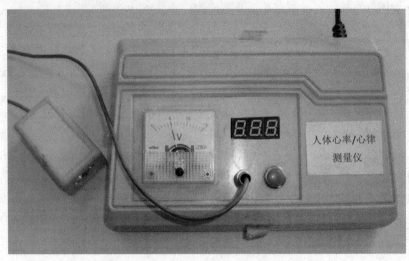

图 2-64   人体心率/心律测量仪产品外观图

项目 9   简易语言复读机电路

项目分析与资讯

成功地学会一种外语必须达到既要会写也要会说的程度。学习任何一种语言，包括母语，都需要认真模仿和反复练习，语言复读机给学习外语的人们提供了一种"鹦鹉学舌"式的学习训练方式。语言复读机具有鹦鹉学舌的功能，使用者每说一段话后，语言复读机能够马上将刚刚说过的语言复读出，学习者通过语言复读来判断自己的语音语调是否正确，经过这种反复地说和听的训练，可以有效地提高语言听说能力。语言复读机是一种固体语言录放电路，他和传统的磁带式录放机相比，具有体积小、耗能低、录音时间长等优点。此处的"固体"是指半导体存储器，半导体存储器的容量越大录制的内容就越多，通常录制的容量大小用录制时间来表示。市面上销售的数码录音笔有的可以录制长达十多个小时的音频内容。简易语言复读机采用了美国 ISD 公司研制生产的 ISD1820 一款产品，它是一种可以记录 20 秒的录音/放音集成电路。

2.9.1   ISD1820 电路基本原理

1. ISD1820 电路结构及基本功能

ISD1820 集成电路的管脚功能和外形分别如图 2-65 和图 2-66 所示。其原理电路如图 2-67 所示。

ISD1820 内部有话筒前置放大、自动增益控制、滤波器、喇叭驱动电路和 FLASH 模拟存储阵列等。

ISD1820 具有录音、放音、循环放音和直通等功能。

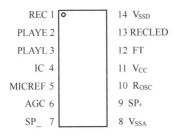

REC 1	14 V$_{SSD}$
PLAYE 2	13 RECLED
PLAYL 3	12 FT
IC 4	11 V$_{CC}$
MICREF 5	10 R$_{OSC}$
AGC 6	9 SP$_+$
SP$_-$ 7	8 V$_{SSA}$

图 2-65　ISD1820 的管脚功能

图 2-66　ISD1820 外形

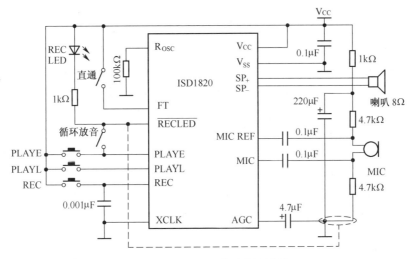

图 2-67　ISD1820 基本原理电路

（1）录音。

按下录音键（REC）可实现录音。该芯片采用了音频电平直接存储技术，即每个采样值直接存储在芯片内存储器中，因此能够非常自然真实地再现语言和音乐的声音。避免了一般的固体录音电路因量化和压缩造成的量化噪声和"金属声"。

图 2-68　ISD1820 录放电路板

ISD1820 的录音时长与录音采样频率有关，对声音电平采样频率越高，采样的数据越细化也就越精准，但占用储存空间大，录音的时长就相对要短些。表 3-2 给出了不同采样频率时对应的录放时间。使用时可通过调整外接电阻来确定录放时间。

表 3-2　采样频率与录放时间的关系

R$_{osc}$	录放时间	采样频率	典型带宽
80kΩ	8s	8.0kHz	3.4kHz
100kΩ	10s	6.4kHz	2.6kHz
120kΩ	12s	5.3kHz	2.3kHz
160kΩ	16s	4.0kHz	1.7kHz
200kΩ	20s	3.2kHz	1.3kHz

（2）放音及循环放音。

按下放音键（PLAYE 或 PLAYL）可将储存在芯片内的音频信号通过内部驱动放大后送到喇叭上实现放音。循环放音是指将"循环放音开关"闭合后实现的不断重复放音。

（3）直通。

直通是指将"直通开关"闭合后，由麦克转换出的音频信号进入到芯片后，不经存储直接送到内部的功放驱动电路上放大，并通过喇叭放音。

2. ISD1820 管脚功能描述

（1）电源（V_{CC}）。芯片内部的模拟和数字电路使用的不同电源总线在此引脚汇合，这样可以使噪声最小。

（2）地线（V_{SSA}，V_{SSD}）。芯片内部的模拟和数字电路的不同地线分别汇合在这两个引脚。

（3）录音（REC）。录音控制端，高电平有效，只要 REC 变高（不管芯片处在节电状态还是正在放音），芯片即开始录音。录音期间，REC 必须保持为高。REC 变低或内存录满后，录音周期结束，芯片自动写入一个信息结束标志（EOM），使以后的重放操作可以及时停止。然后芯片自动进入节电状态。

（4）边沿触发放音（PLAYE）。放音控制端，此端出现上升沿时，芯片开始放音。放音持续到 EOM 标志或内存结束，之后芯片自动进入节电状态。开始放音后，可以释放 PLAYE。

（5）电平触发放音（PLAYL）。放音控制端，此端从低变高时，芯片开始放音。放音持续至此端回到低电平，或遇到 EOM 标志，或内存结束。放音结束后芯片自动进入节电状态。

（6）录音指示（$\overline{RECLED}$）。处于录音状态时，此端为低，可驱动 LED。此外，放音遇到 EOM 标志时，此端输出一个低电平脉冲。此脉冲可用来触发 PLAYE，实现循环放音。

（7）话筒输入（MIC）。此端连至片内前置放大器。片内自动增益控制电路（AGC）控制前置放大器的增益。外接话筒应通过串联电容耦合到此端。耦合电容值和此端的 10kΩ 输入阻抗决定了芯片频带的低频截止点。

（8）自动增益控制（AGC）。AGC 动态调整前置增益以补偿话筒输入电平的宽幅变化，使得录制变化很大的音量（从耳语到喧嚣声）时失真都能保持最小。通常 4.7μF 的电容器在多数场合下可获得满意的效果。

（9）喇叭输出（SP_+，SP_-）。这对输出端可直接驱动 8Ω 以上的喇叭。单端使用时必须在输出端和喇叭之间接耦合电容，而双端输出既不用电容又能将功率提高至 4 倍。

（10）直通模式（FT）。此端允许接在 MIC 输入端的外部语音信号经过芯片内部的 AGC 电路、滤波器和喇叭驱动器而直接到达喇叭输出端。平时 FT 端为低，要实现直通功能，需将 FT 端接高电平，同时 REC、PLAYE 和 PLAYL 保持为低。

3. ISD1820 的基本参数

工作电压范围：3～5V；静态电流（节电状态）：0.5μA；可录放音 10,000 次；在断电情况下，信息可保存 100 年。

2.9.2 语言复读机电路结构及原理

根据 ISD1820 的基本功能可以进行不同电子产品开发，语言复读机需要用其录音和放音功能。要实现语言复读需要三个部分：音频信号放大及录音信号产生电路、录音电平和放音电平产生电路、录音/放音模块。

1. 音频信号放大及录音信号产生电路

电路如图 2-69 所示。

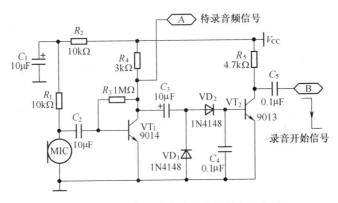

图 2-69　音频信号放大及录音信号产生电路

声音通过麦克转换为音频信号经过 VT$_1$ 放大后分成两路信号，一路送到 ISD1820 的 "4 脚" 等待录音；另一路经 VD$_2$ 整流和 C$_4$ 的滤波变为直流电平使 VT$_2$ 由截止变为饱和，其集电极由高电平变为低电平，此信号即为录音开始信号，将它送到 IC$_1$ 定时电路的 "2 脚"，作为 555 定时电路的触发信号。

2. 录音电平和放音电平产生电路

电路如图 2-70 所示。IC$_1$ 和 IC$_2$ 为两个 555 电路构成的定时器，且 IC$_2$ 受 IC$_1$ 控制，他们分别用来产生录音电平信号和放音电平信号。录音时 ISD1820 的 "1 脚" 需要高电平信号控制，这个信号可由 IC$_1$ 来产生，其输出的脉冲宽度应在 8～20 秒范围内。IC$_1$ 录音电平信号结束的同时，利用脉冲的下降沿，通过 R$_3$、C$_7$、R$_9$ 为 IC$_2$ 提供触发信号，IC$_2$ 输出为放音电平信号送至 VT$_4$ 的基极。在放音期间要禁止录音，所以 IC$_2$ 在输出放音电平的同时还要控制 IC$_1$ 的 "4 脚"，即在放音期间 IC$_1$ 的 "4 脚" 要一直保持低电平使其输出处于强迫复位状态，实现的方法是用 IC$_2$ 输出的放音电平信号控制 VT$_3$ 的基极使其饱和，VT$_3$ 工作在开关状态，饱和时其集电极电位接近 0V。

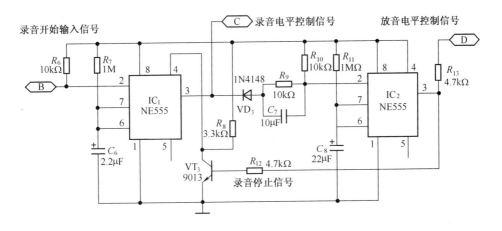

图 2-70　录音电平和放音电平产生电路

3. 录音/放音模块电路

电路如图 2-71 所示。模块采用 ISD1820，其"10 脚"外接 100kΩ 电阻，将录放时间设定为 10 秒。在录音状态时其"1 脚"应为高电平，此时"13 脚"为低电平，LED 点亮，在录音结束时即"1 脚"恢复低电平时，"13 脚"变为高电平，LED 熄灭；当 VT_4 的基极为高电平使其饱和导通时，"13 脚"的高电平被引到"2 脚"，使电路处于放音状态。

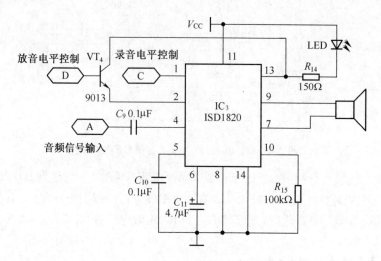

图 2-71　录音/放音模块电路

通过上面的分析可知，语言复读电路在通电后应处于等待录音状态，此时如果对着麦克说话，语言复读电路在两个定时器的控制下自动完成录音和放音过程。每次放音结束后又回到初始状态等待再次录音和放音。语言复读机整机电路如图 2-72 所示。

2.9.3　电路安装与调试要点

（1）先按图 2-67 所示电路对 ISD1820 进行功能测试，主要测试录音和放音功能及放音效果。注意麦克尽量靠近集成电路的引脚处安装，以减小干扰信号的进入。

（2）在对图 2-69 所示电路进行调试时，先测试静态，即在等待录音的状态下，用万用表直流电压档测 VT_2 的集电极电位应为高电平；然后测试动态，即对着麦克说话时测集电极电位的变化，此时集电极的电位应有明显降低。注意 VD_2 的极性不要接反。

（3）在对图 2-70 所示电路进行测试时，也应先测试静态，即在通电后用万用表直流电压档测试 IC_1 和 IC_2 输出端电位，正常时都应为 0V。然后用一段导线将 IC_1 的输入端对地短接一下，IC_1 的输出应立即变为高电平，维持大约 10 秒后又恢复到低电平，与此同时 IC_2 的输出由低变高，由于 IC_2 的输出控制着 IC_1 的"4 脚"，所以在 IC_2 输出高电平期间，如对 IC_1 再次触发它的输出端也不会变为高电平。

（4）将图 2-69、图 2-70、和图 2-71 三个单元电路连接起来进行整机测试。对着麦克说话，观察录音和放音的效果，针对出现的具体情况对电路参数作适当调整。如果要提高喇叭的音量可以增加功率放大电路（如用集成小功放 TDA2822）。

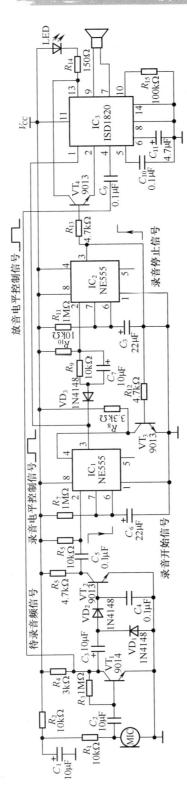

图 2-72 简易语言复读机电路

3

常用电子元器件识读与检测

　　电子元器件是组成电子线路的最小元素,无论是从事电子产品的设计还是从事安装调试及维护等工作都需要与他们打交道。因此掌握常用的电子元器件的识读与检测对于从业者来所是非常必要的。对电子元器件识读就是能够辨认器件的类别及了解器件上标识的意义。对电子器件检测就是要通过测试结果判断器件的性能或确认器件的管脚极性等。

3.1　电阻器的识读与检测

3.1.1　电阻器的识读

1. 色环电阻器参数的试读

　　色环电阻器是用色环颜色的不同组合来表示电阻器的阻值及误差。其外形如图 3-1 所示,普通电阻用四色环表示,精密电阻用五环表示。表 3-1 所示给出了四色环表示法规则。按照这个规则就可以根据电阻器的色环读取出电阻器标称阻值。如电阻器的色环标记为:"黄、橙、红、金",因第三环为红色,阻值范围是几千欧姆,按照黄、橙两色分别代表的数 4 和 3 代入,则其读数为 4.3kΩ。第四环是金色表示误差为 ±5%。

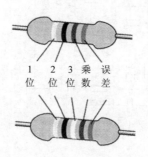

图 3-1　根据色环读取电阻器标称值

表 3-1　色环电阻器四色环表示法规则

颜色	无	银	金	黑	棕	红	橙	黄	绿	蓝	紫	灰	白
第一位有效值				0	1	2	3	4	5	6	7	8	9
第二位有效值				0	1	2	3	4	5	6	7	8	9
第三位倍乘		10^{-2}	10^{-1}	10^{0}	10^{1}	10^{2}	10^{3}	10^{4}	10^{5}	10^{6}	10^{7}	10^{8}	10^{9}
第四位误差/%	±20	±10	±5										

2. 电阻器种类的识别

如图 3-2 所示为常见电阻器的外形，主要有固定电阻、熔断电阻、压敏电阻、热敏电阻、湿敏电阻、光敏电阻、气敏电阻、可变电阻和水泥电阻，在识别这些电阻时，可根据其外形和功能特点进行判断。

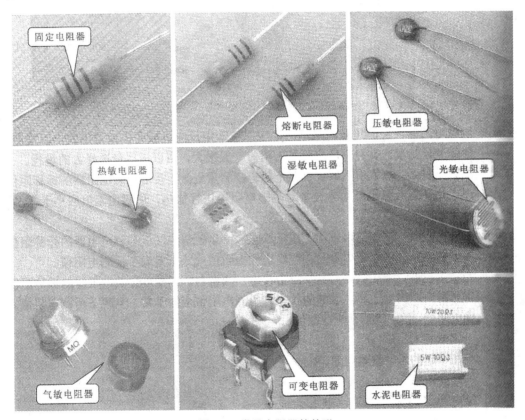

图 3-2　常见电阻器的外形

（1）固定电阻器。固定电阻器器通常用符号 R 标识，采用色环方法标注阻值。

（2）熔断电阻器。熔断电阻又称为保险丝电阻，其外形符号为 ⎓⊏⊐⎓，是一种具有电阻器和过流保护熔断丝双重作用的元件。

（3）压敏电阻。压敏电阻是利用半导体材料非线性特性原理制成的，它的电路符号为 ⊏╱⊐。当外加电压施加到某一临界值时，阻值急剧变小，这种特性可以用作电路的过压保护。

（4）热敏电阻器。热敏电阻大多是由半导体材料制成的，它的电路符号为 ⊏╱⊐。

电阻器的阻值随温度的变化而变化，根据变化的不同可分为正温度系数（PTC）热敏电阻气和负温度系数（NTC）热敏电阻器。当温度升高时，正温度系数的热敏电阻其阻值会明显增加，而负温度系数的热敏电阻其阻值会明显减少。

（5）湿敏电阻器。湿敏电阻的阻值特性是随湿度变化而变化，它的电路符号为 ─▭─ 。和热敏电阻类似，这种电阻器也分为正系数湿敏电阻器和负系数湿敏电阻器。湿敏电阻通常用来做湿度传感器用于检测湿度。

（6）光敏电阻器。光敏电阻是一种对光敏感的元件，它的电路符号为 ─▱─ 。光敏电阻器大多数由半导体材料制成。它利用半导体的光导电特性，使电阻器的电阻随入射光线的强弱发生变化，当入射光线增强时，它的阻值会明显减小；当入射光线减弱时，它的阻值会显著增大。

（7）气敏电阻器。气敏电阻器是一种新型半导体元件，它的电路符号为 ─⊕─ 。这种电阻器是利用金属氧化物半导体表面吸收某种气体分子时，会发生氧化反应或还原反应而使电阻值改变的特性而制成的电阻器。它可用于可燃气体报警器中的气体传感器。

（8）可变电阻器。可变电阻器的阻值是可以调整的。一般有三个引脚，其中有两个定片引脚和一个动片引脚。还有一个调整旋钮，可以通过它来改变动片，从而改变该电阻器的阻值。

（9）水泥电阻器。水泥电阻器的电阻丝同焊脚引线之间采用压接方式，在负载短路的情况下，可迅速在压接处熔断，在电路中起限流保护作用。

3.1.2 电阻器的检测

使用指针式万用表对电阻器阻值进行测量的方法如下：

（1）将万用表设置成欧姆挡，并根据电阻器的标称阻值，将万用表调到"R×10k"挡。在检测之前，必须要进行一次表针调零校正这个关键步骤，如图 3-3 所示。

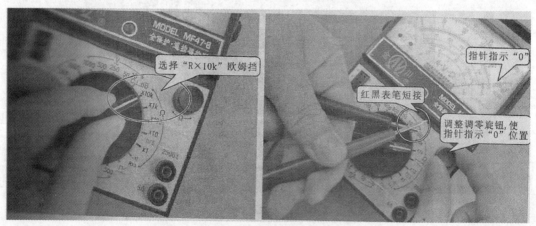

图 3-3　选择万用表检测量程并进行欧姆调零

（2）将万用表的红、黑表笔分别搭在电阻器两端的引脚上，观察万用表指示的电阻值变化，如图 3-4 所示，指针的读数为 22，再乘以倍率 10k，实际结果为 220kΩ。

由于电阻器的种类繁多，检测方法也各有不同：

①压敏电阻器。检测压敏电阻器时，应尽量选用放映灵敏的指针式万用表，以观测阻值的变化情况。压敏电阻器的阻值一般很大，所以应尽量选择大的量程。

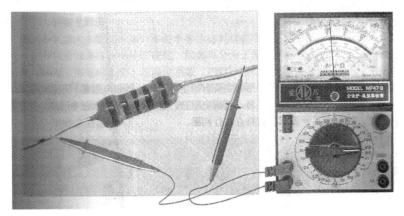

图 3-4　检测电阻器实际阻值示意图

②热敏电阻器。热敏电阻器处于正常状态时，测量的阻值应接近热敏电阻器的标称阻值，用电烙铁或吹风机等加热设备对热敏电阻进行加热，所测电阻值应小于常温下所测电阻值。

③湿敏电阻。湿敏电阻处于正常状态时，测量的阻值应接近湿敏电阻器的标称阻值，用湿棉签对湿敏电阻进行加湿，所测电阻值应大于常温下所测电阻值。

④光敏电阻。光敏电阻处于正常状态时，测量阻值应接近光敏电阻器的标称阻值，将光敏电阻处于完全黑暗的状态，所测电阻值应大于常态光线下所测电阻值。

⑤排电阻器。排电阻器是一种把按一定规律排列的分离电阻集成在一起的组合型电阻器，实物外形如图 3-5 所示。由图可知，排电阻的引脚与其他电阻器相比较多，因此检测方法也与其他的电阻器不同。检测排电阻器的不同引脚的阻值，保持一只表笔不动，用另一表笔分别检测排电阻的其他引脚。若所测阻值与第一次相同，则排电阻器正常；若其中任何一个阻值为无穷大，则该排电阻器已受损。

图 3-5　排电阻实物外形

3.2　电容器的识读与检测

3.2.1　电容器的识读

1. 电容器参数的识读
（1）电解电容器的识读。

如图 3-6 所示，该电容器标识为"2200μF，25V，＋85℃，M，CE"。其中，2200μF 表示电容器量；25V 表示电容的额定工作电压；＋85℃表示电容器正常工作的温度范围；M 表示允许偏差为±20%；C 表示电容器；E 表示为其他材料电解电容器。所以该电容器标识为其他材料电解电容器，大小为 2200μF，正常工作温度不超过＋85℃，额定工作电压为 25 V。

图 3-6　电解电容器的参数标识

（2）纸介电容器的识读。

如图 3-7 所示的 C 表示电容器；Z 表示纸介电容器；J 表示金属化电容器；D 表示铝材质；1μF 表示电容量值大小；±10%表示电容允许偏差。因此，该电容器标识为：金属化纸介电容器，电容量为 1μF±10%，400V 表示该电容器的额定电压。

图 3-7　纸介电容器的参数标识

（3）涤纶、瓷介、独石电容器的识读。

涤纶、瓷介和独石等电容器的容量表示一般只有数字而没有容量单位，这是因为他们的体积比较小无法表示全部。在这种情况下采用以下两种表示方法。

在直标法中，对于普通电容器标识数字为整数的，容量的单位为 pF；标识数字为小数的容量单位为 μF。如：3300=3300 pF，510=510 pF，0.33=0.33μF，4n7=4.7nF=0.047μF。

（电容器容量单位：$1F=10^3mF=10^6μF=10^9 nF=10^{12} pF$）

在数码表示法中，一般用三位数字来表示容量的大小，单位为 pF。前两位为有效数字，后一位表示倍率。如：$102=10×10^2=1000pF$，$103=10×10^3 = 10000pF=0.01μF$，$104=10×10^4 =100000pF=0.1μF$，$222=22×10^2=2200 pF$。

2. 电容器种类的识读

电容器的种类很多，而且几乎所有的电子产品中都应用到了电容器。常见的电容种类如图 3-8 所示。

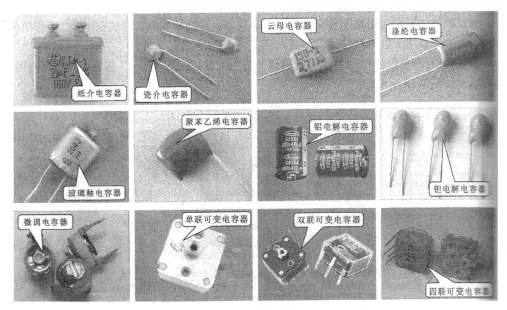

图 3-8　电子产品中常见电容器的种类

（1）纸介电容器。这种电容器的价格低、体积大、损耗大、性能稳定性差，并且由于存在较大的固有电感，故不宜在频率较高的电路中使用。

（2）瓷介电容器。瓷介电容器是以陶瓷材料为介质制作的电容器，其特点是：稳定性能好，适用于高低频电路。

（3）云母电容器。云母电容器是以云母作为介质，这种电容器的可靠性高，频率特性好，适用于高频电路。

（4）涤纶电容器。涤纶电容器采用以涤纶薄膜为介质，这种电容的成本低，耐热、耐压和耐潮湿的性能都很好，但稳定性较差，适用于稳定性要求不高的电路。

（5）玻璃釉电容器。玻璃釉电容器使用的介质一般是玻璃釉粉压制的薄片，这种电容器介电系数大、耐高温、抗潮湿性强、损耗低。

（6）聚苯乙烯电容器。聚苯乙烯电容器是以非极性的聚苯乙烯薄膜为介质制成的，这种电容器成本低、损耗小、充电后电荷能保持较长时间不变。

（7）铝电解电容器。铝电解电容器体积小、容量大。与无极性电容相比绝缘电阻低、漏电流大、频率特性差、容量与损耗会随周围环境和时间的变化而变化，特别是当温度过低或过高的情况下，且长时间不用还会失效。因此，铝电解电容仅限于低频、低压电路。

（8）钽电解电容器。钽电解电容器的温度特性、频率特性和可靠性都较铝电解电容好，特别是它的漏电流极小、电荷储存能力好、寿命长、误差小，但价格贵，通常用于高精密的电子电路中。

3.2.2　电容器的检测

1. 电容器的性能检测

电容器性能的好坏，主要是看其是否漏电，即不应通过直流电流。检测电容器的好坏可用指针式万用表的电阻挡进行。检测时，可根据电容量的大小选择电阻挡位。一般 100μF 以上电容可选择"R×100"挡；1～100μF 的电容器可选择"R×10"挡；1μF 以下的电容器可选择"R×10k"挡。

（1）普通固定电容器性能的检测。

无极性固定电容器的容量一般都比较小，在检测时可将指针式万用表调至"R×10k"挡，并进行欧姆调零。检测时，将万用表的红、黑表笔分别搭在电容器两个引脚上，观察表针指示电阻值的变化，其检测方法如图3-9所示。

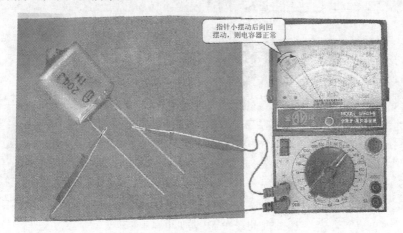

指针小摆动后向回摆动，则电容器正常

图3-9　无极性电容器的检测

①若在表笔接通的瞬间可以看到指针有一个小的摆动后又回到无穷大处，可以断定，该电容器正常；

②若在表笔接触的瞬间看到指针有很大的摇摆，可以断定该电容器被击穿或严重漏电；

③若表指针几乎没有摆动，可以判定该电容已开路；

④对于6800pF以下容量电容器，由于容量过小，不能判断是否存在开路现象，但可按上述方法检测是否漏电或被击穿。

（2）电解电容器性能的检测。

电解电容属于有极性的电容器，其引脚的极性可从其外观上进行判断。一般电解电容的正极引脚相对较长，并且在电解电容的表面上也会标识出引脚的极性，即在负极引脚侧有"－"的标记，如图3-8所示。对电解电容检测之前先要进行一次放电。因为容量较大的电容器被充高压电后，不容易放掉，为了避免电解电容器中存有残留电荷而影响检测的结果，需要对其进行放电操作。放电方法可用一个电阻与电容器并接一下即可。

检测时将万用表量程调至"R×100"挡，并进行欧姆调零。将黑表笔（代表正极）接至电解电容的正极引脚上，红表笔（代表负极）接至负极引脚上，（用数字万用表时接法应相反），观察万用表指针的变化情况。检测方法如图3-10所示。

①若在刚接通的瞬间，指针向右（电阻小的方向）摆动一个较大的角度，（2μF以上较明显），然后又逐渐向左摆回，最后表针停止在一个固定位置，这说明该电容器有明显的充放电过程。表针最后停的位置所对应的电阻就是该电容的正向漏电阻，正向漏电阻越大越好。

②若表笔接触到电解电容引脚后，表针向右摆动到一个角度后立即向回稍摆动一点，即没有回到大阻值的位置，这说明该电容严重漏电，不能使用。

③若表笔接触电解电容引脚后，表针即向右摆动很大，但无回摆现象，这说明该电解电容已经被击穿。

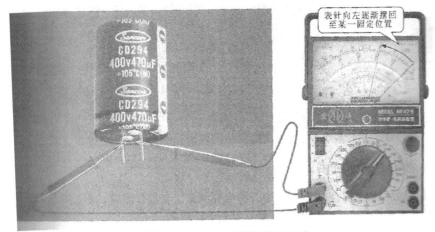

图 3-10　电解电容器的检测方法

④若表笔接触到电解电容的引脚后，表针没有摆动，则说明该电解电容器内部电解质已干涸，失去电容量。

⑤通过观察指针摆动的幅度，可以判断出电解电容器的电容量。若表笔刚接触引脚时，表针摆动幅度越大且回摆的速度越慢，则说明电解电容器的电容量越大，反之则说明电容量越小。

⑥在线检测（即在电路板上测试）电解电容时，由于电容的两个极与其他元件相连，所以检测的结果和上述情况不同，所以不好判定电解电容的质量，这时最好将电容的一个引脚拆下，然后再检测。

2．电容器电容量的检测

电容器的电容量的检测通常需要专门的电容测量仪来进行测量，不过对于电容量在 6800pF～2μF 的电容器也可以使用数字万用表进行测量。

某些数字万用表设有专门测量电容的插孔，测量前先要在测量电容的挡位上选择量程，然后将待测的电容引脚插进标有 Cx 的插孔中，即可读出显示值。操作过程如图 3-11 和图 3-12 所示。如测图 3-9 中的电容，其标称容量为 204，选择 2μF 挡测试，显示结果为 ".202"，即 0.202μF，接近标称值 0.2μF。

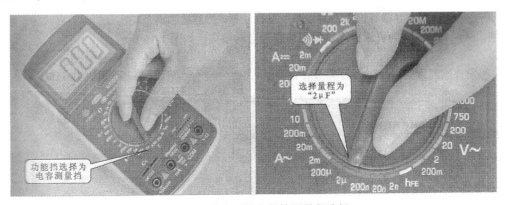

图 3-11　数字万用表的检测量程选择

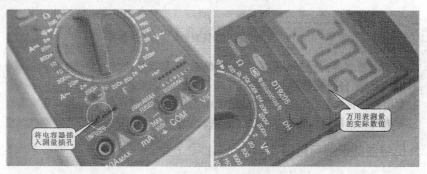

图 3-12 测量并读取待测电容器的实际电容值

3.3 二极管的识读与检测

3.3.1 二极管的识读

1. 二极管型号的识读

（1）部分整流二极管的型号及参数。

1N4001～1N4007（外形直径：3mm，额定整流电流 1A，最大反向耐压 50～1000V）；

1N5400～1N5408（外形直径：5mm，额定整流电流 3A，最大反向耐压 50～1000V）；

P600A～L（外形直径：6mm，额定整流电流 6A，最大反向耐压 50～1000V）

（2）部分检波二极管的型号及参数。

2AP1（外形直径：3mm，正向电流 2.5A，反向电压 10V，截止频率 150MHz）

2AP10（外形直径：3mm，正向电流 8A，反向电压 20V，截止频率 100MHz）

（3）部分开关二极管的型号及参数。

2AK1（外形直径：4mm，正向电流 150mA，反向电压 10V，反向恢复时间 200ns）

1N4148（外形直径：2.5mm，正向电流 200mA，反向电压 100V，反向恢复时间 5ns）

（4）部分稳压二极管的型号及参数。

2CW50（外形直径：11mm，最大工作电流 83mA，稳定电压 1～2.8V，最大耗散功率 0.25W）

2CW102（外形直径：11mm，最大工作电流 280mA，稳定电压 3.2～4.5V，最大耗散功率 1W）

2DW50（外形直径：11mm，最大工作电流 22mA，稳定电压 38～45V，最大耗散功率 1W）

2. 二极管极性的识读

二极管内部就是一个 PN 结，从 P 型半导体引出的极为正极（也称阳极），从 N 型半导体引出的极为负极（也称阴极）。在金属封装的二极管的外形上用图形符号 的指向来表示正负极；在塑料或玻璃封装的二极管的外形上在负极侧标有带颜色圆环，即带有色环的极为负极，如图 3-13 所示。

3. 二极管种类的识读

二极管的种类很多，在电路中的作用各不相同，因此在识别二极管时，应根据二极管的种类、作用进行判别。常见的二极管有整流二极管、检波二极管、稳压二极管、发光二极管、光敏二极管、变容二极管、开关二极管、双向二极管，以及快恢复二极管，电子产品中常见的二极管的种类如图 3-14 所示。

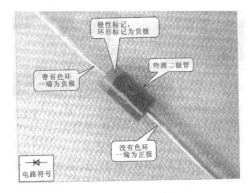

图 3-13 二极管极性识读

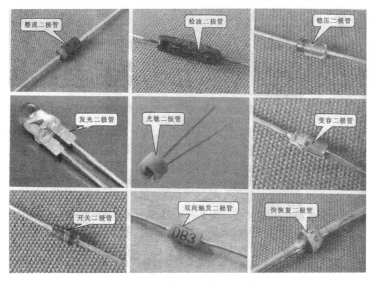

图 3-14 常见二极管的种类

（1）整流二极管。整流二极管的电路符号为 ⊣▷⊢ 。它的主要作用是将交流整流成直流。整流二极管的外壳封装常采用金属壳封装、塑料封装和玻璃封装三种形式。由于整流二极管的正向电流较大，所以，整流二极管多为面接触型二极管，结面积较大，结电容大，但工作频率低。

（2）检波二极管。检波二极管是利用二极管的单向导电性把叠加在高频载波上的低频信号检出来的器件，它的电路符号为 ⊣▷⊢ 。检波二极管常用在无线电接收机中的检波电路中。检波二极管的封装多采用玻璃或陶瓷外壳，以保证良好的高频特性。

（3）稳压二极管。稳压二极管常用的电路符号为 ⊣▷⊢ 。主要应用在整流电路中，作为稳压器件，其中以塑料外壳封装的形式最为常见。

（4）发光二极管。发光二极管从外形上很好辨认，常用于显示器件或光电控制电路中的光源，它的电路符号为 ⊣▷⊢ 。发光二极管在正常工作时，处于正向偏置状态，在正向电流达到一定值时就发光。常见的有红光、黄光、绿光、橙光等。除这些单色发光二极管外，还有可以发出两种以上颜色的光的双色和三色发光二极管。

（5）光敏二极管。光敏二极管又称光电二极管，它的电路符号为 ⊣▷⊢ 。光敏二极管的特点是当受到光照射时，二极管反向电阻会随之变化（随光照射的增强，反向电阻会由大变小），利用这一特性，光敏二极管常用作光电传感器件使用。

（6）变容二极管。变容二极管是利用 PN 结的电容随外加偏压而变化这一特性制成的非线性半导体器件，在电路中起电容的作用，它常被用在电子调谐电路中。它的电路符号为 ⎯◁|⎯。

（7）开关二极管。开关二极管的电路符号为 ⎯◁｜。它是利用半导体二极管的单向导电性，为在电路上进行"开"或"关"的控制而特殊设计制造的一类二极管。这种二极管导通/截止速度非常快，能满足高频和超高频电路的需要，广泛用于开关及自动控制等电路中。

（8）双向二极管。双向二极管是具有对称性的两端半导体器件，它的电路符号为 ⎯▷◁⎯。常用来触发双向晶闸管，或用于过压保护、定时、移相等电路。

（9）快恢复二极管。快恢复二极管也是一种高速开关二极管，它的电路符号为 ⎯◁｜。这种二极管的开关特性好，反向恢复时间很短，正向压降低，反向击穿电压较高，主要用于开关电源、PWM 脉宽调制电路及变频等电子电路中。

3.3.2　二极管的检测

二极管基本性能就是他的单向导电性。二极管的优劣可以根据正反向电阻的大小来进行判断，正向电阻越小，反向电阻越大则性能越好。

用万用表电阻挡对二极管的性能检测过程如下：

（1）将指针万用表的量程调至"R×1k"挡，并进行调零校正，如图 3-15 所示。

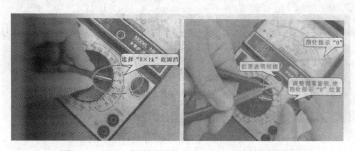

图 3-15　测二极管选择"R×1k"挡并进行调零

（2）检测二极管的正向阻值如图 3-16 所示。将万用表的黑表笔搭在二极管的正极（阳极）引脚上，红表笔接二极管的负极（阴极）引脚，观察万用表的指针读数，可以得到一个较小正向阻值。

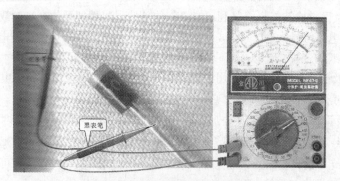

图 3-16　检测二极管正向电阻值

（3）检测二极管的反向电阻值如图 3-17 所示。将万用表的黑表笔搭在二极管的负极引脚上，红表笔接二极管的正极引脚，观察表指针读数，此时阻值应在几百千欧以上。

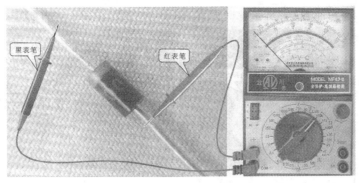

图 3-17　检测二极管反向电阻值

3.4　三极管的识读与检测

3.4.1　三极管的识读

1．三极管种类的识读

晶体三极管中的类较多，如按功率大小来分有小功率、中功率和大功率三极管。如图 3-18 所示为常见晶体三极管的外形。

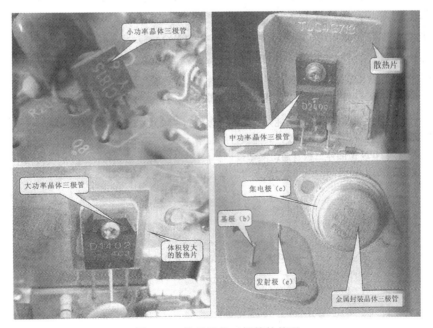

图 3-18　常见晶体三极管的外形

（1）小功率三极管。小功率集体三极管，它是电子产品中用得最多的晶体管之一。它的具体形状有许多，主要用来放大交、直流信号，如用来放大音频、视频的电压信号，作为各种控制电路中的控制器件等。

（2）中功率晶体三极管。中功率晶体三极管主要用于驱动电路和激励电路，或者为大功率放大器提供驱动信号，根据工作电流和耗散功率，适当地选择散热方式。有的功率三极管本身，外壳具有一定的散热功能，耗散功率稍大就要另外附加散热片。

（3）大功率晶体三极管。因为大功率晶体三极管的耗散功率比较大，工作时往往会引起芯片温度过高，所以必须安装散热片。输出功率越大，散热片的尺寸应越大。

（4）金属封装晶体三极管。金属封装三极管的外壳是由金属材料制作而成的，它只有基极和发射极两根引脚，集电极就是三极管的金属外壳。

2. 三极管型号的识读

部分三级管的封装图如图 3-19 所示。

（1）部分高频小功率三极管的型号及参数。

C9011（外形 TO-92，NPN，f_T=150MHz，P_{CM}=300mW，I_{CM}=100mA，U_{RCEO}=18V）

C9012（外形 TO-92，PNP，f_T=150MHz，P_{CM}=600mW，I_{CM}=500mA，U_{RCEO}=25V）

C9013（外形 TO-92，NPN，f_T=150MHz，P_{CM}=400mW，I_{CM}=500mA，U_{RCEO}=25V）

C9014（外形 TO-92，NPN，f_T=150MHz，P_{CM}=300mW，I_{CM}=100mA，U_{RCEO}=18V）

C9015（外形 TO-92，PNP，f_T=100MHz，P_{CM}=600mW，I_{CM}=100mA，U_{RCEO}=18V）

C9018（外形 TO-92，NPN，f_T=700MHz，P_{CM}=310mW，I_{CM}=100mA，U_{RCEO}=12V）

（2）部分低频小功率三极管的型号及参数。

3AX31（外形 TO-39，PNP，f_a=8kHz，P_{CM}=125mW，I_{CM}=125mA，U_{RCEO}=24V）

3BX31（外形 TO-39，NPN，f_T=8kHz，P_{CM}=125mW，I_{CM}=125mA，U_{RCEO}=40V）

（3）部分高频大功率三极管的型号及参数。

3DA100（外形 TO-3，NPN，f_T=220MHz，P_{CM}=40W，I_{CM}=5A，U_{RCEO}=55V）

3CA6（外形 TO-3，PNP，f_T=220MHz，P_{CM}=20W，I_{CM}=2A，U_{RCEO}=120V）

（4）部分开关三极管的型号及参数。

3AK801（外形 TO-39，PNP，f_T=220MHz，P_{CM}=50mW，I_{CM}=20mA，U_{RCEO}=15V）

3DK100（外形 TO-39，NPN，f_T=220MHz，P_{CM}=200mW，I_{CM}=30mA，U_{RCEO}=15V）

TO-3 (1:3)		TO-92(B) (2:1)	
TO-39 (1:1)		TO-92(C) (2:1)	
TO-92 (2:1)		TO-92(D) (2:1)	
TO-92(2) (2:1)		TO-92(E) (2:1)	
TO-92(2)A (2:1)		TO-92(E)-1M (2:1)	

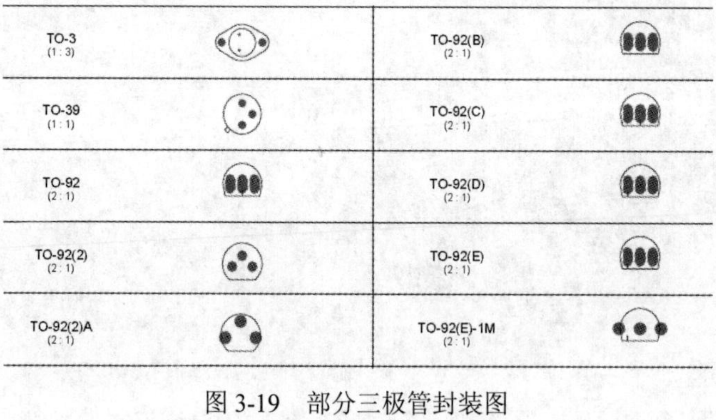

图 3-19　部分三极管封装图

3.4.2　三极管的检测

用万用表对晶体三极管检测的内容通常有：三极管引脚极性的判别和性能判断，其中性能指标有三极管的电流放大能力和温度稳定性（I_{CEO} 越小越好）。由于三极管内部有两个 PN 结，所以对三极管质量好坏最基本的判断就是看两个 PN 结的单向导电性能如何。

晶体三极管分为 PNP 型和 NPN 型两种，下面以这两种已知引脚极性的晶体三极管为例，介绍三极管常规检测方法。如图 3-20 所示为待测晶体三极管符号及外形。

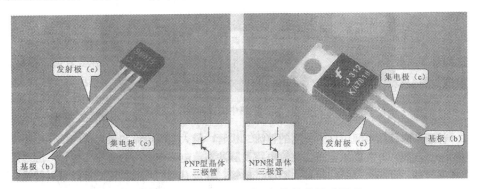

图 3-20 PNP 和 NPN 两种三极管的符号及外形

（1）PNP 型三极管的检测方法。

1）选择反应灵敏的指针式万用表测量，将万用表设置为欧姆挡，量程选为"R×1k"挡，然后进行欧姆调零。

2）测 PNP 型二极管集电结的反向电阻。将万用表的黑表笔（代表"＋"）搭在晶体管的基极引脚上，红表笔（代表"－"）接在集电极的引脚上，测得的电阻即为反向电阻，表针读数接近无穷大，检测方法如图 3-21 所示。

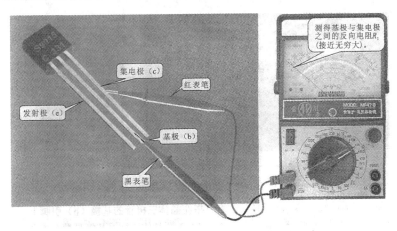

图 3-21 PNP 型三极管集电结反向电阻值检测方法

3）测 PNP 型三极管集电结的正向电阻。在将万用表的红、黑表笔互换，测量 PNP 三极管基极与集电极之间的正向电阻，表针读数显示有一定的阻值。检测方法如图 3-22 所示。

按上面对集电结正、反向电阻的测试结果，反向电阻接近无穷大，正向电阻较小，可以认为该三极管的集电结质量是好的。

4）测 PNP 型三极管发射结的反向电阻。将万用表的黑表笔搭在三极管的基极引脚上，红表笔搭在发射极引脚上，测量 PNP 三极管基极与发射极之间的反向电阻，表针读数即为反向电阻，阻值接近无穷大，检测方法如图 3-23 所示。

5）测 PNP 型三极管发射结的正向电阻。将万用表的红、黑表笔互换，将红表笔搭在三极管的基极引脚上，黑表笔搭在发射极引脚上，测量 PNP 型三极管发射极的正向电阻，表针读数显示有一定阻值，检测方法如图 3-24 所示。

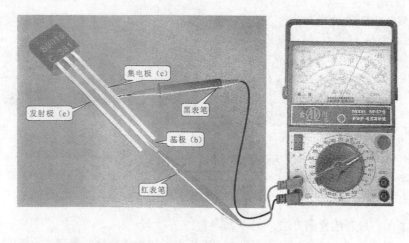

图 3-22　PNP 型三极管集电结的正向电阻值检测方法

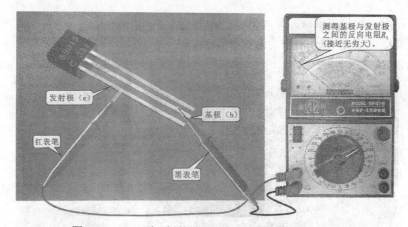

图 3-23　PNP 型三极管发射结反向电阻值的检测方法

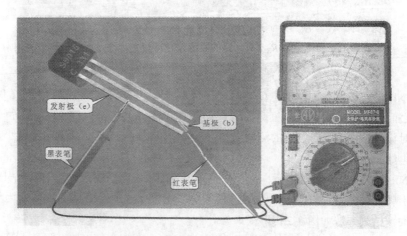

图 3-24　PNP 型三极管发射结正向电阻值的检测方法

　　按上面对发射结正、反向电阻的测试结果，反向电阻接近无穷大，正向电阻较小，可以认为该三极管的发射结质量也是好的。

　　（2）NPN 型晶体三极管的检测方法。

　　与上面的检测过程类似，也是检测集电结和发射结各自的正反向电阻，以此来判断 NPN 三极管的基本性能如何。

　　1）万用表欧姆档选择"R×1k"挡，然后进行欧姆调零。

　　2）测 NPN 型三极管集电结的反向电阻。将万用表的红表笔搭在三极管的基极引脚上，黑表笔搭在集电极引脚上，测量 NPN 型三极管基极与集电极之间的反向电阻，表针读数接近无穷大，检测方法如图 3-25 所示。

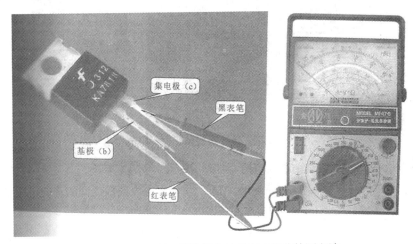

图 3-25　NPN 型三极管集电结反向电阻值检测方法

　　3）测 NPN 型三极管集电结的正向电阻。将万用表的红、黑表笔互换，黑表笔搭在三极管的基极引脚上，红表笔搭在集电极引脚上，测 NPN 型三极管基极与发射极之间的正向电阻，表针读数显示有一定的阻值，检测方法如图 3-26 所示。

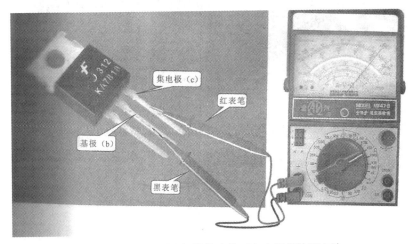

图 3-26　NPN 型三极管集电结正向电阻值检测方法

　　按上面对集电结正、反向电阻的测试结果，反向电阻接近无穷大，正向电阻较小，可以认为该三极管的集电结质量是好的。

4) 测 NPN 型三极管发射结的反向电阻。将万用表红笔搭在三极管的基极引脚上, 黑表笔搭在发射极引脚上, 测量 NPN 型三极管基极与发射极之间的反向电阻值, 表针读数接近无穷大, 检测方法如图 3-27 所示。

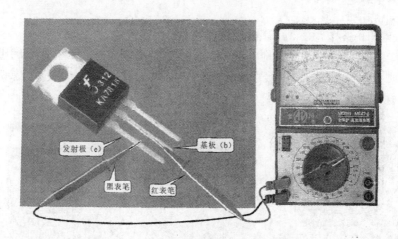

图 3-27 NPN 型三极管发射结反向电阻值检测方法

5) 测 NPN 型三极管发射结的正向电阻。将万用表红、黑表笔互换, 黑表笔搭在三极管基极引脚上, 红表笔搭在发射极引脚上, 测量 NPN 型三极管基极与发射极之间的正向电阻值, 表针读数显示有一定的值, 检测方法如图 3-28 所示。

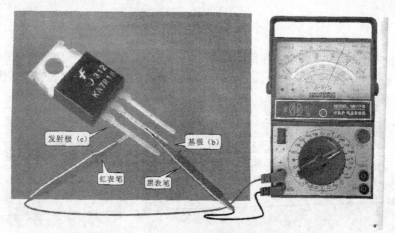

图 3-28 NPN 型三极管发射结正向电阻值检测方法

4

电子产品安装与调试工艺

一个好的电子产品不仅要有好的设计和好的元器件作支撑,同时还需要在好的生产工艺指导下进行标准化生产。标准化生产可以使同一型号、同一批次的电子产品其性能保持一致性,这对于提高产品质量和生产效率是非常必要的。电子产品安装与调试就是指在工艺文件指导下进行的各种安装(电气类和机械类)和按产品的技术指标进行的测试和调整,最终使产品达到设计要求。

4.1 电子产品的装配工艺流程

产品的装配工艺是研究产品的加工方法和工作流程。它是以保证产品质量,提高生产效率,降低生产成本为基本原则来进行制订的。

4.1.1 装配工艺流程

电子产品装配的工序因设备的种类、规模不同,其构成也有所不同。但基本工序没有什么变化,其过程大致可分为装配准备、装连、调试、检验、入库或出厂等几个阶段,据此就可以制订出制造电子产品最有效的工序。一般整机装配的具体操作流程如图 4-1 所示。

由于产品的复杂程度、设备场地条件、生产数量、技术力量及操作员工技术水平等情况的不同,因此生产的组织形式和工序也要根据实际情况有所变化。例如,样机生产可按工艺流程主要工序进行;若大批量生产,则其装配工艺流程中的印制板装配、机座装配和线束加工等几个工序,可并列进行。

4.1.2 产品加工生产流水线

1. 生产流水线与流水节拍

生产流水线是企业规模化生产普遍采用的生产方式。产品加工生产流水线是把一部整机的装连、调试工作划分成若干个简单操作,每一个装配员工完成指定操作。在流水操作的工序划分时,要注意到每人操作所用时间应相等,这个时间称为流水的节拍。

生产流水线通常就是一个传送带,待加工的产品放在传送带上可以按顺序抵达各个工位,当行进到某一工位时,装配员工把产品从传送带上取下,按规定完成装连后再放到传送带上,进行下一个操作。传送带的运动有两种方式:一种是间歇运动,另一种是连续运动。每个装配员工的操作必须严格按照所规定的时间节拍进行。而完成一部整机所需的操作和工位(工序)的划分,要根据产品的复杂程度、日产量或班产量来确定。

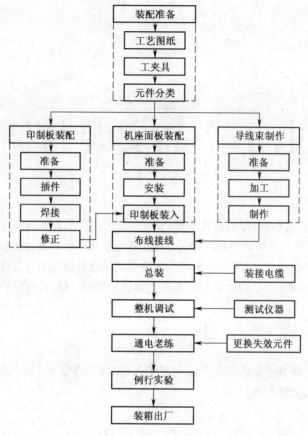

图 4-1 装配工艺流程

2. 流水线的工作方式

目前，电子产品的生产大都采用印制板插件流水线方式。插件形式有自由节拍形式和强制节拍形式两种。

（1）自由节拍形式。自由节拍形式是由操作者控制流水线的节拍，完成操作工艺。这种方式的时间安排比较灵活，但生产效率低。分手工操作和半自动化操作两种类型。手工操作时，装配工按规定插件，剪掉多余的引线，进行手工焊接，然后放在流水线上传递。半自动化操作时，生产线上配备了具有剪掉多余的引线功能的插件台，每个装配工独用一台。整块线路板上组件的插装工作完成后，通过传送线送到波峰焊接机上完成焊接工序。

（2）强制节拍形式。强制节拍形式是指插件板在流水线上连续运行，每个操作者必须在规定的时间内把所要求插装的元器件、零件准确无误地插到线路板上。这种方式带有一定强制性。这种流水线方式，工作内容简单、动作单纯、记忆方便，可减少差错，提高工效。

4.2 电子产品工艺文件的识读

电子产品在生产过程中需要有相应的技术文件支持，它是电子产品设计、试制、生产、使用和维护的基本依据。技术文件包括设计文件和工艺文件。

设计文件是指产品在设计性试制阶段、生产性试制阶段所形成的各种图、表及各种文字材料。工艺文件是指导生产操作和工艺管理的各种技术文件的总称。它是产品加工、装配、检验的技术依据，也是企业组织生产、产品经济核算、质量控制的主要依据。

设计文件和工艺文件同是指导生产的文件，两者是从不同角度提出要求的。设计文件是原始文件，是生产的依据；而工艺文件是根据设计文件提出的加工方法。因此，熟悉掌握电子产品的技术文件无论是对生产的操作者还是生产的组织和管理者都是十分必要的。

4.2.1 工艺文件的特点

工艺文件是产品加工、装配、检验的技术依据，它是按照一定的条件选择产品生产加工中最合理的工艺过程，将实现这个工艺过程的程序、内容、方法、工具、设备、材料，以及每一个环节应该遵守的技术规程，用文字和图表的形式表示出来。它具有标准严格和管理规范等特点。

（1）标准严格。电子产品种类繁多，但其表达形式和管理办法必须通用，即其技术文件必须标准化。标准化主要体现为产品技术文件的完整性、正确性和一致性。我国的标准目前分为三级，即国家标准（GB）、专业（部）标准（ZB）和企业标准。

（2）格式严谨。按照国家标准，工程技术图具有严谨的格式，包括图样编号、图幅、图栏、图幅分区等，其中图幅、图栏采用与机械图兼容的格式，便于技术文件存档和成册。

（3）管理规范。产品技术文件由技术管理部门进行管理，设计文件的审核、签署、更改、保密等方面都由企业规章制度约束和规范。技术文件中涉及核心技术资料，特别是工艺文件是一个企业的技术资产，对技术文件进行管理和不同级别的保密是企业自我保护的必要措施。

4.2.2 工艺文件的作用

（1）为生产准备提供必要的资料。

（2）为生产部门提供工艺方法和流程，便于有序组织产品生产。

（3）提出各工序和岗位的技术要求和操作方法，保证操作员工生产出符合质量要求的产品。

（4）按照文件要求组织生产部门的工艺纪律管理和员工的管理。

（5）是建立和调整生产环境、保证安全生产的指导文件。

（6）为生产计划部门和核算部门确定工时定额和材料定额，控制产品的制造成本和生产效率。

（7）为企业操作人员的培训提供依据，以满足生产的需要。

4.2.3 工艺文件的分类

工艺文件分为工艺管理文件和工艺规程两大类。

1. 工艺管理文件

这是企业科学地组织生产和控制工艺工作的技术文件。不同企业的工艺管理文件的种类不完全一样，但基本文件都应当具备，主要有工艺文件目录、工艺路线表、材料消耗工艺定额明细表、配套明细表、专用及标准工艺装配表等。

2. 工艺规程

工艺规程是规定产品和零件的制造工艺过程和操作方法等的工艺文件，是工艺文件的主要部分。它可分为以下几类。

（1）按使用性质可分为以下 3 种。

① 专用工艺规程：专门为某产品或某组件的某一工艺阶段编制的一种工艺文件。

② 通用工艺规程：几种结构和工艺特性相似的产品或组件所公用的工艺文件。

③ 标准工艺规程：某些工序的工艺方法经过长期生产考验已定型，并纳入标准工艺文件。

（2）按加工专业可分为以下 4 种。

① 机械加工工艺卡。

② 电气装配工艺卡。

③ 扎线工艺卡。

④ 油漆涂覆工艺卡。

4.2.4 电子工程图的识读

电子产品的工程图属于产品研制和生产所依据的重要工艺文件。掌握电子产品工程图样的识读，有利于了解电子产品的结构和工作原理，这对于正确装配、检测、调试电子产品是非常重要的。电子工程图就是指导安装用图，通常有印制板电路装配图、接线图、整机装配图等。这些图都是依据电路原理图设计出的用于指导不同形式的装配。

1. 印制电路板装配图

印制电路板装配属于元件级装配，是电子产品最重要也是工作量最大的装配工作。在装配图上主要表示各元器件的安装位置，一般不画出印制导线，每个元件通常用文字加序号和图形的方式来表示，安装时将各元件"对号入座"，然后再进行焊接，如图 4-2 所示。

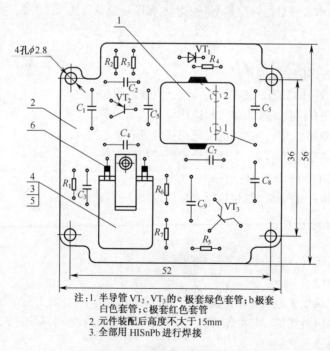

注：1. 半导管 VT_2、VT_3 的 e 极套绿色套管；b 极套白色套管；c 极套红色套管
　　2. 元件装配后高度不大于 15mm
　　3. 全部用 HISnPb 进行焊接

图 4-2　印制电路板装配图

2. 接线图

接线图是部件级装配用图。所谓部件就是指经过元件级安装后的部分，如印制板、控制面板等。

各个部件之间会有电气连接，接线图就是用来表示各部件之间电气连接关系的用图。安装时，按接线图中指示的路径将各部件通过接插件、端子排等进行点对点的连接。如图 4-3 所示。

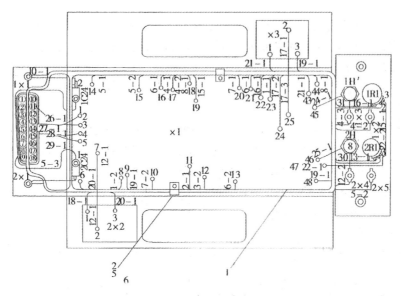

图 4-3　机壳接线图

3. 整机装配图

整机装配图也称总装图。它是以实际元器件形状及其相对位置为基础，画出产品的装配关系。这种图样一般在生产装配中使用，如图 4-4 所示。装配图包括：产品及安装用件（包括材料的轮廓图形）；安装尺寸及和其他产品连接的位置与尺寸，安装说明（对安装需用的元件、材料和安装要求等加以说明）。

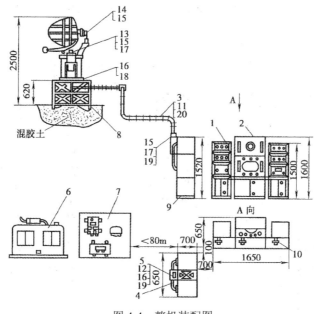

图 4-4　整机装配图

4.3　电子产品安装前的准备

　　凡是在电子产品安装过程中将要涉及到的元器件、导线和设备等，在产品安装前都要做好相应的准备和预处理，如元器件引线的成形和线缆的加工等，这是规模化生产保证产品质量，提高生产效率的一个重要环节。

4.3.1　电子元器件引线的成形

　　为了便于安装和焊接，提高装配质量和效率，增强电子设备的防震性和可靠性，在安装前，根据安装位置的特点及技术方面的要求，要预先把元器件引线弯曲成一定的形状。元器件引线成形是指小型器件而言。大型器件不可能悬浮跨接，单独立放，而必须用支架、卡子等固定在安装位置上。小型元器件可用跨接、立、卧等方法焊接，并要求受震动时不变动器件的位置。引线折弯成形要根据焊点之间的距离，做成需要的形状。

　　1. 引线成形标准

　　手动插装与自动插装对元器件的引线成型有不同的技术要求，如表 4-1 所示。

表 4-1　不同插装方式的元器件引脚成形技术要求和基本方法

方式	图示	技术要求
手动插装的引线成形	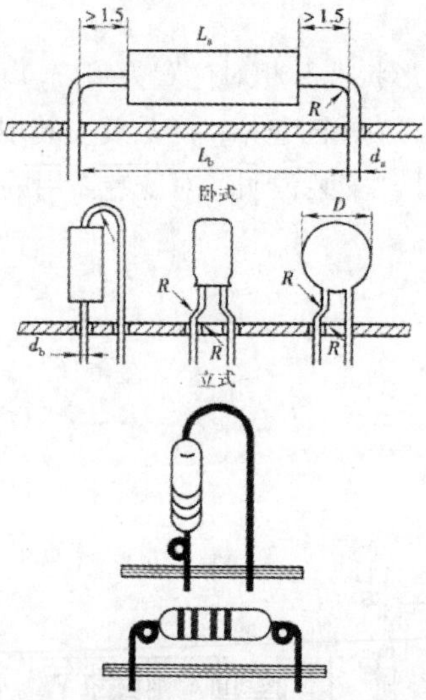	(1) 引线成形后，元器件本体不应产生破裂，表面封装不应损坏，引线弯曲部分不允许出现模印、压痕和裂纹 (2) 成形时，引线弯折处距引脚根部尺寸应大于 1.5mm，以防止引线折断 (3) 线弯曲半径 R 应大于 2 倍引线直径 d_a，以减少弯折处的机械应力。对立式安装，引线弯曲半径 R 应大于元器件的外形半径 (4) 凡有标记的元器件，引线成形后，其标志符号应处在查看方便的位置 (5) 引线成形后，两引出线要平行，其间的距离应与印制电路板焊盘孔的距离相同 (6) 对于自动焊接方式，可能会出现因振动时元器件歪斜或浮起等缺陷，宜采用具有弯弧形的引线 (7) 半导体器件及其他在焊接过程中对热敏感的元件，其引线可加工成圆环形，以加长引线，减小热冲击
自动插装的引线成形	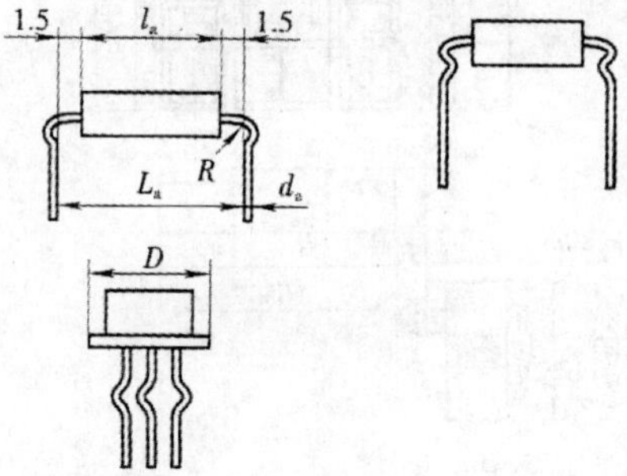	由自动元器件引线成形机完成，元器件引脚弯曲形状，两脚间距必须一致并保持足够的精度

2. 引线成形的方法

为达到引线成形标准，一般情况下元器件引线成形可用手工弯折和专用模具弯折两种方法。在生产企业中，成形大都由专用设备来完成。

（1）手工弯折。手工弯折引线可以借助镊子或长嘴钳（尖嘴钳）等工具来对引脚成形。

（2）专用模具弯折。如图4-5所示。

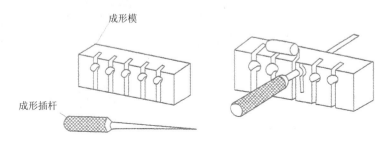

图4-5 专用模具引线成形

（3）机器成形。如图4-6所示。

（a）全自动散装发光二极管成形机 　　（b）全自动带装立式元器件成形机

图4-6 机器成形机

4.3.2 导线的加工

导线在电子产品中是不可少的线材，它在整机中的电路之间、分机之间进行电气连接与相互间起着传递信号的作用。在整机装配前必须对所使用的线材进行加工。

（1）绝缘导线加工工艺。绝缘导线加工工序为：剪裁、剥头、清洁、捻头（对多股线）、浸锡。主要加工工序分述见表4-2。

表4-2 绝缘导线的加工工序表

加工工序	图示	操作	注意事项
剪裁	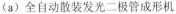 绝缘导线	剪裁绝缘导线时要拉直再剪。剪线要按工艺文件的导线加工表规定进行，长度允许有5%~10%的误差	绝缘层已损坏或芯线有锈蚀的导线不能使用

续表

加工工序	图示	操作	注意事项
剥头	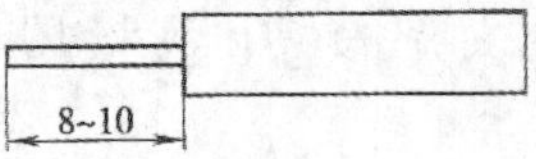 8~10	剥头长度应符合工艺文件要求，常用的方法有刀剪法和热剪法。刀剪法就是用专用剥线钳进行剥头；热剪法就是用热控剥皮器进行剥头	防止出现损伤芯线，受损伤芯线不能超过总股数的10%
清洁	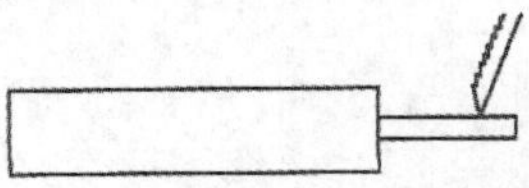	清洁的方法有两种：一是用小刀刮去芯线的氧化层，二是用砂纸清除掉芯线上的氧化层和油漆层	刮时注意用力适度以免损伤导线
捻头	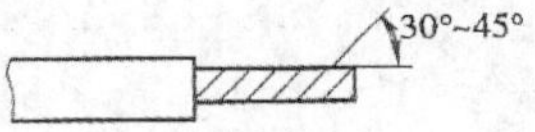 30°~45°	多股芯线经过清洁后，芯线易散开，因此必须进行捻头处理，以防止浸锡后线端直径太粗。捻头时应按原来合股方向扭紧。捻线角一般为30°～50°	捻头时用力不宜过猛，以防捻断芯线
浸锡	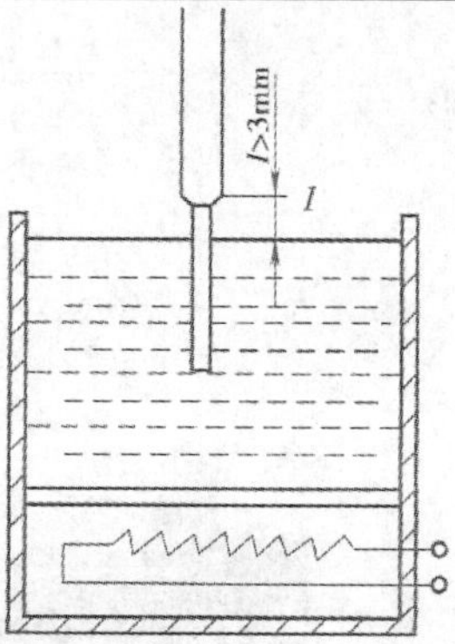 l>3mm l	经过剥头和捻头的导线应及时浸锡，以防止氧化。常用锡锅浸锡和烙铁手工搪锡。锡锅浸锡是将导线端头蘸上助焊剂，然后将导线垂直插入锅中，并且使浸锡层与绝缘层之间有 1～2mm 间隙，待浸润后取出即可，浸锡时间为 1～3s；手工搪锡就是用电烙铁在导线上慢慢地搪上一层锡	浸锡时间不宜过长，否则会将绝缘层损坏

（2）屏蔽导线的加工。为了防止导线周围的电磁场或电场干扰电路正常工作而在导线外加上金属屏蔽层，这就构成了屏蔽导线。在对屏蔽导线进行端头处理时应注意去除的屏蔽层不宜太多，否则会影响屏蔽效果。去除的长度应根据导线的工作电压而定，通常可按表 4-3 中所列数据进行选取。

由于对屏蔽导线的质地和设计要求不同，线端头加工的方法也不同，主要加工方法和步骤分述见表 4-3。

表 4-3　屏蔽导线的加工

加工项目	加工步骤		备注
屏蔽导线不接地端的加工	（1）用热截法或刀截法剥去一段屏蔽线的外绝缘层	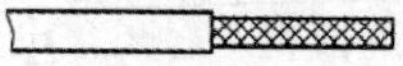	（1）工作电压 600V 以下去除屏蔽层长度 10～20mm 600～3000V 去除屏蔽层长度 20～30mm 3000Vyi 以上去除屏蔽层长度 30～50mm （2）线端经过加工的屏蔽导线，一般需要在线端套上绝缘套管，以保证绝缘和便于使用。给线端加绝缘套管，通常用热收缩套管，可用灯泡或电烙铁烘烤，收缩套紧即可
	（2）松散屏蔽层的铜编织线，用左手拿住屏蔽导线的绝缘层，用右手推屏蔽铜编织线，再用剪刀剪断屏蔽铜编织线	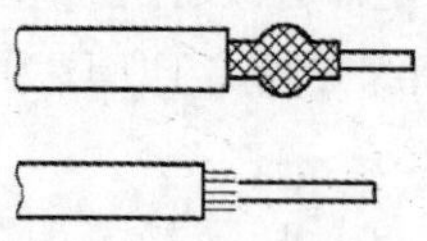	
	（3）将屏蔽铜编织线翻过来，套上热收缩套并加热，使套管套牢	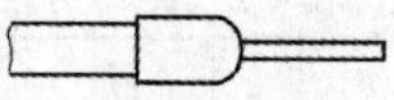	
	（4）要求截去芯线外绝缘层，然后给芯线浸锡	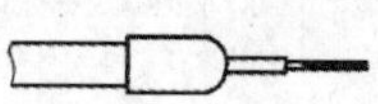	

续表

加工项目	加工步骤	备注
屏蔽导线接地端的加工	（1）用热截法或刀截法剥去一段屏蔽线的外绝缘层	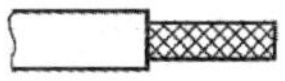 同上
	（2）从屏蔽铜编织线中取出芯线，操作时可用镊子在屏蔽铜编织线上拨开一个小孔，弯曲屏蔽线层，从小孔中取出导线	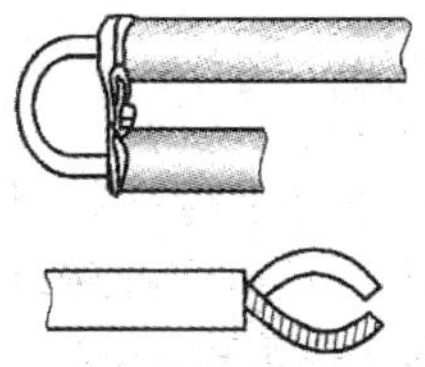
	（3）将屏蔽铜编织线拧紧，也可以将屏蔽铜编织线剪短并去掉一部分，然后焊上一段引出线，以做接地线用	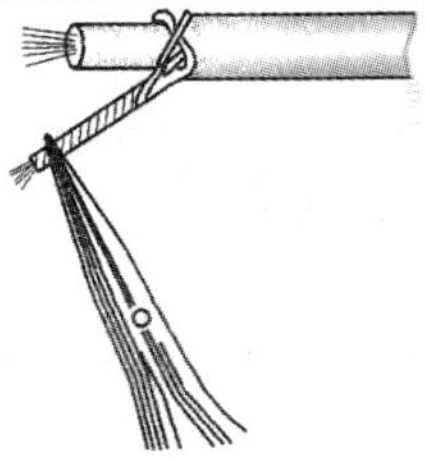
	（4）去掉一段芯线绝缘层，并将芯线和屏蔽铜编织线进行浸锡，对较粗、较硬屏蔽导线接地端的加工，采用镀银金属导线缠绕引出接地端的方法	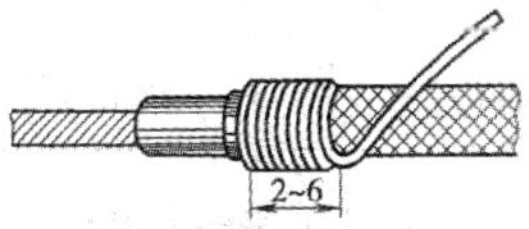

4.3.3 线扎制作

在较复杂的电子产品中，分机之间、电路之间的导线很多，为了使配线整洁，简化装配结构，减少占用空间，方便安装维修，并使电气性能稳定可靠，通常将这些互联导线绑扎在一起，成为具有一定形状的导线束，常称线扎。

线扎制作过程如下：剪截导线及线端加工、线端印标记、制作配线板、排线、扎线。

有关工序具体如表 4-4 所示。

表 4-4 线扎制作工序

操作步骤	图解说明	制作要求
剪截导线及加工线端	操作过程及要求与绝缘导线加工相同	（1）绑入线扎中的导线应排列整齐，不得有明显的交叉和扭转 （2）不应将电源线和信号线捆在一起，以防止信号受干扰。导线束不要形成环路，以防止磁感应线通过环形线，产生磁、电干扰
线端印标记	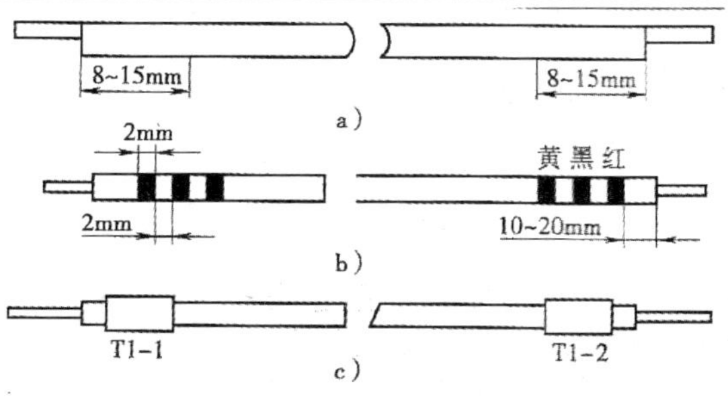	

操作步骤	图解说明	制作要求
	如上图所示，常用的标记有号和色环。印标记方法如下： （1）用酒精将线端擦洗干净，晾干待用 （2）用盐基性染料加10%的聚氯乙烯和90%的二氯乙烯配制印制颜料 （3）用眉笔描色环或橡皮章打印记	（3）导线端头应打印标记或编号，以便装配、维修时容易识别。线扎内应留有适量的备用线，以便于更换。备用导线应是线扎中最长的导线 （4）线扎不宜绑得太松或太紧。绑得太松会失去绑扎的作用，太紧又可能损伤导线的绝缘层。同时，打结时系结不要倾斜，也能系成椭圆形，以防止线束松散 （5）扎结与结之间的距离要均匀，间距的大小视线扎直径的大小而定，一般间距取线扎直径的2～3倍。在绑扎时还应根据线扎的分支情况适当增加或减少结扎点。为了美观，结扣一律打在线束下面 （6）扎分支处应有足够的圆弧过渡，以防止导线受损。通常弯曲半径应比线扎直径大两倍以上 （7）需要经常移动位置的线扎，在绑扎前应将线束拧成绳状，并缠绕聚氯乙烯胶带或套上绝缘套管，然后绑扎好 （8）绑扎时不能用力拉线扎中的某一根线，以防止把导线中的芯线拉断
制作配线板及在配线板上排线	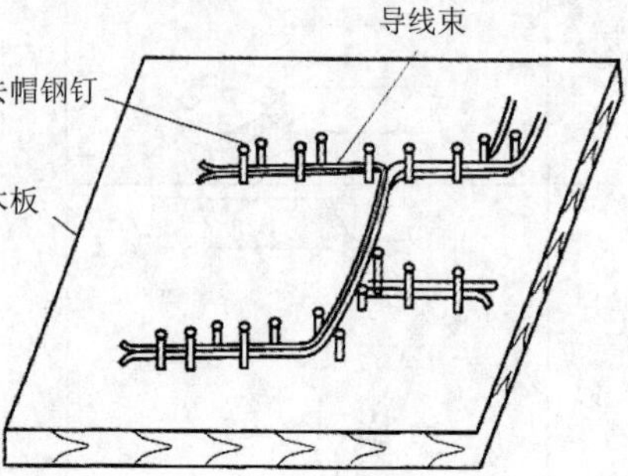 如上图所示 （1）将1:1的配线图贴在足够大的平整木板上，在图上盖一层透明薄膜，以防止图样受污损。再在线扎的分支或转弯处钉上去头铁钉，并在铁钉上套一段聚氯乙烯套管，以便扎线 （2）按导线加工表和配线板上的图样排列导线。排线时，屏蔽导线应尽量放在下面，然后按先短后长的顺序排完所有导线	
扎线 黏合剂结扎	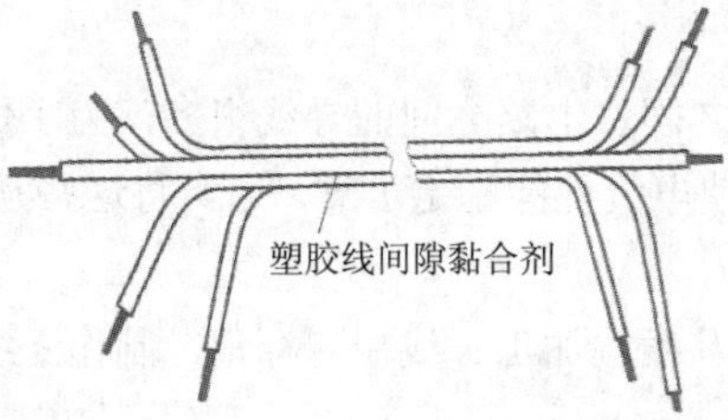 当导线比较少时，可用黏合剂黏合成线束，如上图所示。操作时，应注意黏合完成后，不要立即移动线束，经过 2～3min，待黏合剂凝固以后方可移动	
线扎搭扣绑扎	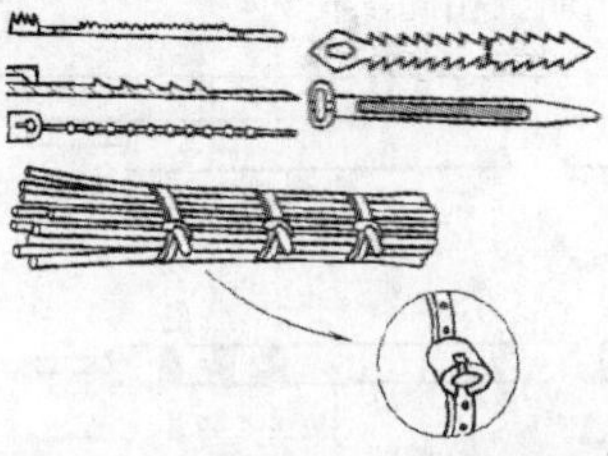 线扎搭扣又叫线卡子、线箍，其式样较多，一般用尼龙或其他较柔软的塑料制成，绑扎时可用专用工具拉紧，最后剪去多余部分	

操作步骤	图解说明	制作要求
线绳绑扎	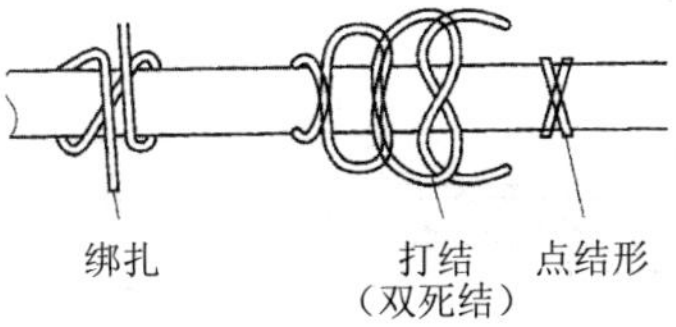 绑扎　　　　打结　　点结形 　　　　　（双死结） 点结绑扎法：点结是用棉线、尼龙线、亚麻线等扎线打成不连续的结，如上图所示。由于这种打结法比连续结简单，可节省工时，因此点结法正逐渐地替代连续结	
	 连续绑扎法：用一条棉线、尼龙线、亚麻线等扎线先打一个初结，再打若干个中间结，最后打一个终结，称为连续结	

4.4　印刷电路板的装配与焊接

4.4.1　普通元器件的手工焊接

在电子产品整机组装过程中，焊接是连接各电子元器件及导线的主要手段。手工焊接是传统的焊接方法，在电子产品的维修、调试中都会用到手工焊接。焊接质量的好坏也将直接影响到今后的维修效果。

1. 焊接工具

电烙铁是手工焊接的主要工具，用于印刷电路板上各种元器件的焊接。在手工焊接过程中，它把足够的热量通过拉铁头传送到焊接部位，以熔化焊料，从而使焊料和被焊金属连接起来。正确使用电烙铁是电子装接工必须具备的技能之一。

（1）电烙铁分类及结构。

常见的电烙铁按其加热的方式不同分为外热式和内热式两大类，如图4-7所示。其规格是用功率来表示的，常用的规格有 20W、25W、30W、35W、45W、75W、100W 等。

①外热式电烙铁。

外热式电烙铁的发热部件是烙铁心，它是将发热丝均匀地缠绕在云母片绝缘的圆柱形管上，烙铁头插在烙铁心中间。因烙铁心装在烙铁头外面，故称为外热式。

外热式电烙铁既适合于焊接大型元器件，也能用于焊接小型的元器件。由于其烙铁心在烙铁头的外面，大部分的热量散发到外部空间，所以加热率较低，加热速度较缓慢，一般要预热6～7分钟才能焊接。但它有烙铁头使用的时间较长、功率较大的优点。

②内热式电烙铁。

内热式电烙铁的发热部件烙铁心是将发热丝均匀地缠绕在一根密封的陶瓷管上,然后插在烙铁头里面直接对烙铁头加热,故称为内热式。

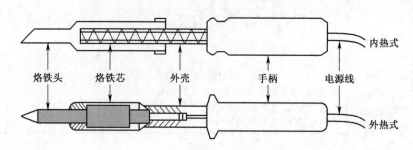

图 4-7　内热和外热式电烙铁结构示意图

由于内热式电烙铁的烙铁头套在发热体的外面,使热量从内部传到烙铁头,具有热得快,加热率高、体积小、重量轻、耗电省、使用灵巧等优点。适合于焊接小型的元器件。但其电烙铁头因温度高而易氧化变黑,烙铁心易被摔断,且功率小,一般只有 20W、35W、50W 等几种规格。

③恒温电烙铁。

恒温电烙铁的烙铁头内,装有磁铁式温度控制器,在通电后能自动保持合适的焊接温度,以保证焊接质量。在焊接温度不宜过高、焊接时间不宜过长的元器件时,应选用恒温电烙铁,但其价格较高。

此外在电子装接中,吸锡电烙铁能在拆焊元器件时很方便地把多余的焊锡吸除。它是将活塞式吸锡器与电烙铁溶于一体的焊接工具,具有使用方便、灵活、适用范围宽等特点。

（2）电烙铁的选用。

焊接时,通常应根据手工焊接工艺不同要求选择相应类型和规格的电烙铁。选用时,主要从以下几方面考虑:

①必须满足焊接所需的热量,并能在操作中保持一定的温度。

②升温快,热效率高。

③体积小,操作方便,工作寿命长。烙铁头的形状适应被焊物体形状空间的要求。

（3）电烙铁的使用方法。

为了能够顺利而安全地进行焊接操作并且延长电烙铁的使用寿命,在操作中应当注意以下几点:

①合理使用电烙铁。初次使用电烙铁一定要将电烙铁头浸上一层锡,焊接时要使用松香或助焊剂。擦拭烙铁头要用浸水海绵或湿布。不能用砂纸或锉刀打磨烙铁头。焊接结束后,不要擦去烙铁头上的焊料。在使用过程中,要轻拿轻放,不能随意敲击,以免损坏内部发热部件。

②电烙铁外壳要接地。长时间不用时,应切断电源。定期检查电源线是否短路。

③在使用外热式电烙铁时要经常清理电烙铁壳体内的氧化物,防止烙铁头卡死在壳体内。

④使用焊剂时,一般使用松香或中性焊剂,以免腐蚀电子元器件及烙铁头。

⑤电烙铁工作时要放在特制的烙铁铁架上,以免烫坏其他物品。

2. 手工焊接与拆焊方法

（1）焊锡与助焊剂。

焊接时所用焊锡称为共晶焊锡。共晶焊锡中,锡占 63%,铅占 37%,熔点为 183℃助焊剂在焊接过程中，用于去除被焊金属表面的氧化层，增强焊锡的流动性，使焊点美观。常用的助焊剂有松香和松香酒精两种。

（2）焊接方法。

最常用的锡焊方法叫点锡焊接法，如图 4-8 所示。

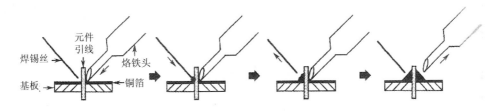

图 4-8　点锡焊接方法

具体步骤如下：

①将待焊元器件的引脚插入印制板的焊接位置，并调好元器件的高度。

②右手握住电烙铁，将烙铁头的刃口放在元器件引线的焊接处。

③左手捏住焊锡丝，用它的一端去接触烙铁头刃口与元器件引线的接触点。当焊锡熔化足以将被焊处包裹后，立即移开焊丝。

④待焊锡流满整个焊盘后向右上 45°方向移开电烙铁。

利用焊接的方法进行连接而形成的接点叫焊点，对合格的焊点的要求是：

①焊点要有足够的机械强度、保证电气连接的牢固可靠。

②焊点光洁整齐，表面光泽平滑，无裂纹、针孔、夹渣。形状为近似圆椎而表面微凹。虚焊点表面往往呈凸形。

元器件装焊顺序依此为：电阻、电容、二极管、三极管、集成电路、大功率管，其他器件为先小后大。

（3）拆焊方法。

调试或维修电气线路时，经常要更换一些电子元器件，这就要求操作者掌握拆焊工艺，如果操作不当，会损坏电路印制板或电子元器件。

对于电阻、电容、二极管等引脚少的电子元器件，可直接用电烙铁拆焊，具体方法如图 4-9 所示。

图 4-9　一般元件的拆焊示意图

对于多引脚的元器件，由于引脚多拆卸起来比较麻烦，在这种情况下需要借助一些工具，如吸锡带、吸锡器、吸锡电烙铁等。吸锡带是一种通过毛细吸收作用吸取焊料的细铜丝编织带。拆焊操作方法如图 4-10 所示。

① 将铜编织带放在被拆的焊点上。

② 用电烙铁对吸锡带和被拆的焊点进行加热。

③ 一旦焊料熔化时，焊点上的焊锡逐渐熔化并被吸锡带吸去。

④ 如果拆焊点没完全吸除，可重复进行。

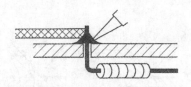

图 4-10　吸锡带拆焊示意图

吸锡电烙铁的烙铁头中间有小孔，小孔通吸气筒，通过吸气筒在电烙铁头处产生的负压把焊点的焊锡吸入筒内。拆焊时，吸锡电烙铁加热和吸锡同时进行，拆焊操作方法如图 4-11 所示。

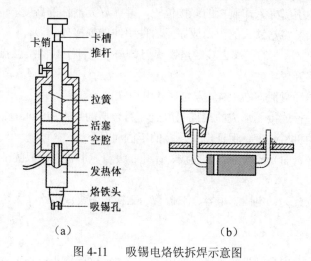

（a）　　　　　　　　　　（b）

图 4-11　　吸锡电烙铁拆焊示意图

4.4.2　表面安装元件的手工贴装焊接

随着电子产品向着小型化、模型化的发展，表面安装元器件（简称 SMT）应运而生，并已成为现代电子生产的主流。表面安装元器件又称贴片式元器件，按照结构形状分类可分为薄片矩形、圆柱形、扁平异形等，如表 4-5 所示。

表 4-5　表面安装元器件

种类	实物图	说明
片状电阻器		按制造工艺分为厚膜型和薄膜型两大类，一般采用厚膜工艺制作

续表

种类	实物图	说明
圆柱状电阻器		一般采用薄膜工艺制作
表面安装电阻排	472	大功率、多引脚的电阻排有封装成 SO 形式的

1. 贴片集成块的手工贴装焊接

（1）将脱脂棉团分成若干小团，体积略小于 IC 的体积。用注射器抽取一管酒精，将脱脂棉用酒精浸泡，待用。

（2）电路板不干净时，先用洗板水洗净，并将电路板加热焊盘处涂上一层助焊剂。

（3）将防静电腕带戴在拿镊子的手上，接地一端放于地上。用镊子将集成片放到电路上，目测并将集成片的引脚和焊盘精确对准，当目测难分辨时，可放在放大镜下观察对准。电烙铁上带有少量焊锡并定位集成片（不用考虑引脚粘连问题），定位两个点即可（注意：不能是相邻的两个引脚）。

（4）将适量的松香焊锡膏涂于引脚上，并将一个酒精棉球放于集成片上，使棉球与集成片的表面充分接触以利于集成片散热。

（5）确认电路板上集成电路的引脚顺序与方向对准焊盘贴上，四边引脚与焊盘应对齐，左手拿镊子轻轻压在集成电路上，右手拿热风枪把热风枪温度调在 300℃～500℃，垂直、均匀地对着集成电路的四边引脚循环吹气，直到集成电路引脚与焊盘可靠焊接。

（6）用酒精棉球将电路板上有松香焊锡膏的地方擦拭干净，并用硬毛刷蘸上酒精将集成电路引脚之间的松香刷净，同时可以用吹气球吹气加速酒精蒸发。

（7）放到放大镜下观察有无虚焊和粘连焊，可以用镊子拨动引脚观察有无松动。

2. 采用恒温电烙铁对贴片分立元器件的焊接

（1）清洗焊盘。同贴片集成块的操作。

（2）贴片。同贴片集成块操作。

（3）焊接。左手拿镊子将元器件固定在相应焊盘的位置上，右手拿烙铁，将烙铁头带上焊料，接触引脚焊盘，完成焊接后将烙铁移开，如图 4-12 所示。

图 4-12　贴片分立元件的人工焊接

4.4.3　工业生产焊接技术

1. 普通元器件的自动波峰焊接

在电子产品生产企业中，产品进行大批量生产必须实现自动化。其中印制电路板的自动化焊接设备是最重要的设备之一。波峰焊机是在浸焊机基础上发展起来的自动焊接设备。

如图 4-13 所示。

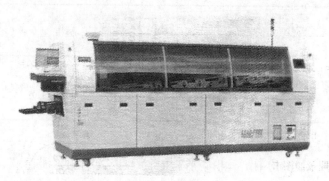

图 4-13　波峰焊机

（1）内部结构。波峰焊机内部结构如图 4-14 所示。

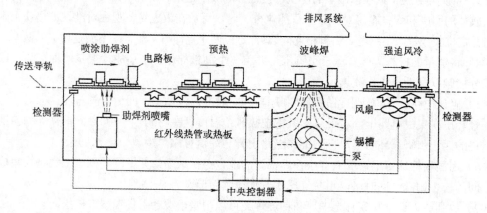

图 4-14　波峰焊机内部结构示意图

（2）工作过程。在波峰焊机内部，锡槽被加热，从而使焊锡熔融。根据焊接要求，机械泵是液态焊锡从喷口涌出，形成特定形态的、连续不断的锡波。

已完成插件工序的印制电路板放在导轨上，以匀速直线运动的形式向前移动，印制电路板顺序经过涂敷助焊剂和预热。电路板在焊接前被预热，可以减小温差、避免热冲击。预热温度 90℃～120℃。预热时间必须控制得当。电路板的焊接面在通过焊锡波峰时进行焊接，焊接面经过冷却后完成焊接过程，最后经检测被传送出来，冷却方式大都为强迫风冷，正确的冷却温度与时间，有利于改进焊点的外观与可靠性。

2. 表面安装元器件的自动贴装焊接

表面安装元器件的自动贴装焊接主要采用回流焊技术，也属于自动焊接技术。回流焊是靠热气对焊点的作用，是胶状的焊剂（焊锡膏）在一定的高温下进行的物理反应，将已经贴放在电路板上的表面安装元器件焊接牢固。因为是气体在焊机内循环流动产生高温达到焊接目的，所以这项技术又叫再流焊。

对贴片元器件实现自动贴装焊接也是通过流水线来完成的，所需要的设备有：锡膏印刷设备（丝网印刷机）、表面贴装设备（如贴片机）和回流焊接设备（如回流焊炉）。

4.5　电子产品整机安装工艺

4.5.1　整机装配的概念

整机装配就是依据工艺文件的要求，把加工好的电路板、机壳、面板和其他部件等装配成电子整机。

整机的安装通常是指用紧固件、黏合剂等将产品的元器件和零部件通过各种联结方式，按图纸要求装在规定的位置上，从而组成产品。联结方式可分为固定联结和活动联结两类。固定联结时，各种构件之间没有相对运动。它又可分为可拆卸的，如螺装、销装、键等；不可拆卸的，如铆装、焊装、压合、黏结、热压等。活动联结时，各构件之间有既定的相对运动。

4.5.2　电子产品安装工艺原则和基本要求

1．安装工艺的原则

电子产品的安装是一个较为复杂的过程，它是将品种数量繁多的电子元器件、机械元件、导线和其他材料采取不同的联结方式和安装方法，分阶段有步骤地结合在一起的一个工艺过程。因此，除了应当遵循各种联结方式及相互之间的合理顺序外，还应注意以下安装原则：先轻后重、先小后大、先铆后装、先装后焊、先里后外、先下后上、先平后高、上道工序不得影响下道工序、下道工序不得改动上道工序等。

总的目的是安排合理的顺序、安装顺手、工效高，各工序间有机地衔接，保证安装质量。

2．安装工艺基本要求

安装工艺的基本要求是指在安装操作过程中必须遵循的基本要求。

（1）未经检验合格的元器件、零部件不许安装。已检验合格的元器件、零部件在安装前要检查外观，表面应无伤痕，涂覆应无损坏。

（2）安装时，电子元器件、机械零件的引线方向、极性、安装位置应当正确，不应歪斜。金属封装电子元件不应相互接触，插件装配应美观整齐、均匀端正、高低有序。

（3）对于电子元件的安装及引线加工，所采取的方法不得使电子元器件的参数、性能发生变化或受损。引线弯曲处距根部要大于 1.5mm。

（4）需要进行机械安装（螺装、铆装等）的电子元件，焊接前应当固定，焊接后则不应再调整安装。

（5）安装中的机械活动部分，如控制器、开关等必须使其动作平滑、自如，不能有阻滞现象。

（6）用紧固件安装接地线焊片时，在安装位置处要去掉涂漆层和氧化层，使其接触良好。

（7）对载有大功率高频电流的元件，用紧固件安装时，不允许有毛刺，以防止尖端放电。

（8）安装中需要钻孔等机械加工时，加工后仔细清理铁削。

（9）黏结安装部位应当洁净、平整，胶剂不应外溢和不足，黏结后初期不应受震动和冲击。

（10）铆装应当紧固，不允许有松动现象。铆钉不应偏斜，铆钉头部不应开裂、不光滑等。

（11）安装时，不得将异物遗忘在整机中，应当在安装中注意及时清理。如焊渣、螺钉、螺母、垫圈、导线头、废物以至元件、工具等。

4.6　电子产品的检测与调试

各种电子产品的装配制作过程，仅仅是把所有的元器件、零部件按图纸要求联结起来。由于各种元器件的参数具有很大的离散性、元件装配位置对分布参数的影响及接地点的影响等原因，使得装配好的电路或整机往往不能立即达到预定的要求，实现预定的功能。它们在装配过程中和装配结束后，都要通过一系列调试来达到规定的技术指标和实现预定功能。对于批量生产，还要保持全部调试过程中的工艺完整性，即生产过程中的稳定性、产品的一致性和可靠性。稳定性就是要保证生产过程能够按计划进行有节奏的均衡生产；一致性是要保证无论何时、何种天气都能确保所有产品符合技术指标，能适应规定的环境条件；可靠性是保证所有产品都能在规定的使用条件下正常工作，并符合一定的平均无故障工作时间指标。

4.6.1　调试的基本要求

为防止外界信号的干扰及整机本身对其他设备的干扰，调试工作应在屏蔽室内进行。所有仪器设备与调试对象的接地应并联，且接成统一的地线。各单元电路的调试，要能保证整机对本单元技术指标的要求；在整机调试时，应按整机的性能要求提出调试的技术指标，以便使调试好的整机性能达到预定的功能。

为了提高调试的效率，在保证调试技术要求的前提下，要考虑调试设备的通用性、操作复杂性、安全性和维修方便性。一般情况下，要尽量使用通用设备，如万用表、示波器；在生产线上，优先考虑使用专用设备，简化操作步骤。

调试的步骤、方法应简单明了，调试过程要合理省时，对生产线上的调试人员要求操作熟练、准确。

4.6.2　调试的安全措施

（1）调试台灯工作场所必须铺设绝缘胶垫，使调试人员与地绝缘。禁止赤脚、穿拖鞋进入调试场所。

（2）所有电源线、电源开关、插头座、保险丝座都不许有带电导体裸露，其工作电压、工作电流不能超过额定值。

（3）仪器和电器的外壳必须有良好的接地。

（4）不允许带电操作，需要时必须使用带绝缘保护的工具操作。

（5）使用调压器时必须注意安全，调压器输入输出的公共端必须接零线。有条件时使用 220V 隔离变压器供电。

（6）接通电源前，先检查电路连线有无短路等异常现象；接通电源后，再检查输入电压是否正确。通电后，若发现元器件有异常发热、冒烟、高压打火等现象时，应立即关掉电源，找出故障原因并排除故障，以免扩大故障范围或造成不可修复的故障。

（7）关掉电源后，对中、高压及大容量电容器必须先用放电棒短接放电，存储电荷泄放完毕再进行其他操作。

（8）对场效应管电路与器件必须采取防静电措施。在更换元器件或改变连接之前，首先关掉电源。

（9）工厂调试时，无关人员不得进入工作场所，任何人不得随意拨弄电源总闸、仪器设备的电源开关及各种旋钮，以免造成事故。调试结束或离开工作现场前，应先关掉所有设备的电源开关，拔去插头，拉开总闸，方可离去。

4.6.3　调试的程序步骤

开始调试之前，要熟悉整机的工作原理、技术条件及有关指标，能正确使用仪器、仪表。简单、小型电子制作或产品在安装焊接完成后，可直接进行调试。复杂的则要先调试各单元电路、功能电路。达到指标后再进行整机调试。

调试过程是一个循序渐进的过程，一般步骤是：先外后内，先调结构部分，后调电气部分。电气部分是先调静态后调动态，先调孤立部分，后调相互影响部分，先调基本指标，后调影响质量的项目。调试后，应按规定进行负荷实验，并定时对各种指标进行测试，做好记录。若带负荷后仍能正常工作，则整机调试完毕。

4.6.4　基本调试技术

1．静态测试与调整

晶体管、集成电路等有源器件必须在一定静态工作点上工作，才能表现出良好的动态特性，所以在动态调整之前必须对各功能电路的静态工作点进行测量与调整，使其符合原设计要求。静态调试一般是指在没有外加信号的条件下测试电路各点电位，测出的数据与设计数据相比较，若超出规定范围，则应分析原因，并作适当调整。

（1）供电电源静态电压测试。

对任何一个电子产品的调试，首先应从它的电源开始。因为电源电压是各级电路静态工作点是否正常的前提，电源电压偏高或偏低都不能测出准确的静态工作点。对电源电压测试需要进行两部，先测其空载时的电压，然后测其带载时的电压。带载后的电压如果比正常要求值低很多，则说明电源有问题。

（2）测试单元电路的工作电流。

每个单元电路的工作电流都有一个正常的范围，如果电流偏大，则说明电路中有短路或漏电现象；若电流偏小，说明电路有开路现象。

（3）测试三极管的静态电压。

三极管有三种状态：放大、饱和、截止。在每一种状态下，三个极对地电位都有一个固定关系，如表 4-6 所示。所以可通过测试三级管各极对地电位值来判断三极管的工作状态。

表 4-6　三极管三种工作状态下的三个级的电位关系

三极管类型	三极管三种工作状态下三个极的电位关系		
	放大状态	饱和状态	截止状态
NPN 型	$V_C > V_B > V_E$	$V_C < V_B > V_E$	$V_C > V_B \leqslant V_E$
PNP 型	$V_C < V_B < V_E$	$V_C > V_B < V_E$	$V_C < V_B \geqslant V_E$

（4）集成电路静态工作点的测试。

集成电路包括模拟电路和数字电路。

①集成放大器静态测试。

运算放大器的静态和电源设置有关，对于采用正负对称双电源的运算放大电路，在静态时输出电位应为零，但由于多种因素影响可能出现不为零的情况，这时可通过调零电路来使输出为零；对于采用单电源的运算放大电路，如果要放大交流信号，其静态工作点要设在 $1/2V_{CC}$ 处。

②数字集成电路静态测试。

数字集成电路无论是门电路还是触发器，他们的静态值要符合他们各自应有的逻辑状态。

2．动态调试与调整

静态调试正常后，便可进行动态调试。动态调试就是在电路的输入端加入输入适当频率和幅度的信号，按照信号的流向逐级检验各测试点的信号波形和有关参数，通过调整相应的可调元件，使个性技术指标符合要求。

（1）电路动态工作电压的测试。

对电路动态时的电压测试，可以判断电路的基本工作情况。对于放大电路输入、输出电压的测试，可以估算电路的电压放大倍数；对于振荡电路动态电压的测试，可判断电路是起振还是处于停振状态。

（2）波形的测试与调整。

①波形的测试。

为了判断电路的工作状态，是否符合技术指标要求，经常需要观察电路的输入、输出波形并加以分析。因而对电路的波形测试是动态测试中最常用的手段之一。

波形测试是用示波器对电路相关点的电压或电流信号的波形、幅度、周期、频率等情况进行直观测试。

②波形的调整。

如果对波形测试的结果与正常情况比较有较大偏差，就应当对相关参数进行调整，以使波形显示为正常状态。

4.6.5　整机的调试

一个电子产品可能会设计有多种功能，如手机，除了打电话外，还具有照相机、收音机、录音机等功能。那么在产品的各单元电路调试完成后，需要对整机进行最后的调试，整机调试的目的是保证电子产品的各项功能及其性指标均能达到设计要求。整机调试流程一般有以下几个步骤。

（1）整机外观检查：外观检查主要检查外观部件是否完整，操作是否正常。

（2）整机内部结构检查：内部检查主要检查内部连线的分布是否合理、整齐和牢固，各单元电路板或其他部件预基座是否紧固。

（3）整机的功耗测试：整机功耗是电子产品设计的一项重要技术指标。

（4）整机统调；整机统调就是在各单元电路同时进入工作状态的情况下，既要看各自的作用能否体现，又要看相互之间的配合是否顺畅。

（5）整机技术指标的测试：这是对电子产品的最后的测试。是指按照整机技术指标要求和相应的测试方法对产品的测试。通过测试判断是否能达到质量要求的技术水平。

（6）整机老化和环境实验：为了验证产品的质量，在将要出厂的产品中取其部分进行老化测试和环境实验，这样可以提早发现产品中一些隐藏的故障，特别是可以发现带有共性的故障，以便通过修改设计进行补救。老化测试就是对电子产品长时间通电运行，并测量其无故障工作时间。

环境实验一般是根据电子产品工作的环境确定具体的测试内容，并按照国家规定的方法进行实验。

附录

A. 万用表的使用常识

万用表是用来测量交直流电压、电阻、直流电流等的仪表。是电工和无线电制作的必备工具。万用表有指针式和数字式两大类。指针式万用表小巧结实，经济耐用，灵敏度高，但读数精度稍差；数字式则读数精确，显示直观，有过载保护，但价格较贵。

1. 指针式万用表的使用

常见的指针式万用表主要有 500 型、MF47 型、MF64 型、MF50 型、MF15 型等，它们虽然功能各异，但结构和原理基本相同。从外观上看，它们一般由表头、电阻挡调零旋钮、转换开关、插孔及表笔等组成。

（1）MF47 型万用表面板结构。

MF47 型万用表是一种高灵敏度、多量程的便携式整流系仪表，能完成交直流电压、直流电流、电阻等基本项目的测量，还能估测电容器的性能等。MF47 型万用表外形如图 A-1 所示，背面有电池盒。

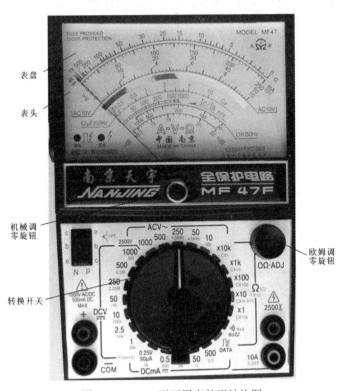

图 A-1　MF47 型万用表外形结构图

①表头。

万用表的表头是灵敏电流计。表头上有表盘（印有多种符号、刻度线和数值）和机械零位旋钮。流经表头的电流只能从正极流入，从负极流出。在测量直流电流的时候，电流只能从与"＋"插孔相连的红表笔流入，从与"－"插孔相连的黑表笔流出；在测量直流电压时，红表笔接高电位，黑表笔接低电位，否则，一方面测不出数值，另一方面很容易损坏表针。

MF47 型万用表的表盘如图 A-2 所示。

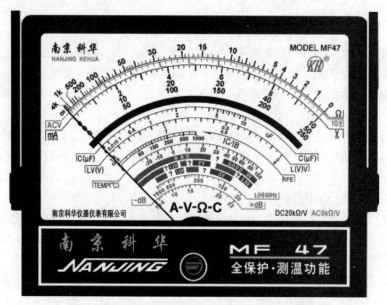

图 A-2　MF47 万用表的表盘结构

表盘上的符号 A-V-Ω 表示这只表是可以测量电流、电压和电阻的多用表。表盘上印有多条刻度线，其中右端标有 Ω 的是电阻刻度线，其右端表示零，左端表示∞，刻度值分布是不均匀的。符号－表示直流，～表示交流，≈表示交流和直流共用的刻度线，hFE 表示晶体管放大倍数刻度线，dB 表示分贝电平刻度线。L（I）和 L（V）刻度实际上是电阻挡的辅助刻度，在测量元件电阻的同时，测出元件中流过的电流和它两端的电压。

②转换开关。

转换开关用来选择被测电量的种类和量程（或倍率），是一个多挡位的旋转开关。MF47 型万用表的测量项目包括：电流、直流电压、交流电压和电阻。每挡又划分为几个不同的量程（或倍率）以供选择。当转换开关拨到电流挡，可分别与五个接触点接通，用于 500mA、50mA、5mA、0mA 和 50μA 量程的电流测量；同样，当转换开关拨到电阻挡，可用×1、×10、×100、×1k，表内配有 1.5V 干电池；×10k 挡，表内配有 15V 叠层电池，专为测量大电阻使用。当转换开关拨到直流电压挡，可用于 0.25V、1V、2.5V、10V、50V、250V、500V 和 1000V 量程的直流电压测量。当转换开关拨到交流电压挡，可用于 10V、50V、250V、500V、1000V 量程的交流电压测量。音频电平挡（dB）：－10～+22 dB。

③机械调零旋钮和电阻挡调零旋钮。

机械调零旋钮的作用是调整表针静止时的位置。万用表进行任何测量时，其表针应指在表盘刻度线左端"0"的位置上，如果不在这个位置，可调整该旋钮使其到位。

电阻挡调零旋钮的作用是当红、黑两表笔短接时，表针应指在电阻（欧姆）挡刻度线的右端"0"的位置，如果不指在"0"的位置，可调整该旋钮使其到位。需要注意的是，每转换一次电阻挡的量程，都要调整该旋钮，使表针指在"0"的位置上，以减小测量的误差。

④表笔插孔。表笔分为红、黑两支，使用时应将红色表笔插入标有"+"号的插孔中，黑色表笔插入标有"-"号的插孔中。另外，MF47 型万用表还提供 2500V 交直流电压扩大插孔以及 5A 的直流电流扩大插孔。使用时分别将红表笔移至对应插孔中即可。

（2）万用表的基本使用方法。

①测试表笔的使用。

万用表有红黑笔，如果位置接反，接错，将会带来测试错误或烧坏表头的可能性。一般红表笔为"+"，黑笔为"-"。表笔插放万用表插孔时一定要严格按颜色和正负插入。测直流电压或直流电流时，一定要注意正负极性。测电流时，表笔与电路串联，测电压时，表笔与电路并联。

②插孔和转换开关的使用。

首先要根据测试目的选择插孔或转换开关的位置，由于使用测量电压时，电流和电阻等交替的进行，一定不要忘记换挡。

电压的测量将量程选择开关的尖头对准标有 V 的五挡范围内。若是测交流电压则应指向 V～ 处。依此类推，如果要改测电阻，开关应指向 Ω 挡范围。测电流应指向 mA 或 UA。测量电压时，要把电表表笔并接在被测电路上。根据被测电路的大约数值，选择一个合适的量程位置。在实际测量中，遇到不能确定被测电压的大约数值时，可以把开关先拨到最大量程挡，再逐挡减小量程到合适的位置。测量直流电压时应注意正、负极性，若表笔接反了，表针会反打。如果不知道电路正负极性，可以把万用表量程放在最大挡，在被测电路上很快试一下，看笔针怎么偏转，就可以判断出正、负极性。

测 220V 交流电。把量程开关拨到交流 500V 挡。这时满刻度为 500V，读数按照刻度 1:1 来读。将两表笔插入供电插座内，表针所指刻度处即为测得的电压值。测量交流电压时，表笔没有正负之分。

③如何正确读数。

万用表使用前应检查指针是否归零位，可调整表盖上的机械调节器，调至零位。万用表有多条标尺，一定要认清对应的读数标尺，不能把交流和直流标尺任意混用。万用表同一测量项目有多个量程，例如直流电压量程有 1V，10V，15V，25V，100V，500V 等，量程选择应是指针满刻度的 2/3 附近。测电阻时，应将指针指向该挡中心电阻值附近，这样才能使测量准确。

（3）指针式万用表使用中的安全注意事项。

①使用万用表之前，应充分了解各转换开关、专用插口、测量插孔以及相应附件的作用，理解刻度盘读数的含义。

②万用表在使用时一般应水平放置在无干燥、无振动、无强磁场的条件下使用。

③不能带电测量电阻。测量一个电阻的阻值，必须保证电阻处于无源状态，也就是测量时，电阻上没有其他的电源或者信号。特别在电路板带电工作时，严禁测量其中的电阻。否则，除测量结果没有意义外，一般都会将万用表的保险丝烧毁。

④不能超限测量。超限测量是指万用表指针处于超量程状态。此时，万用表指针右偏至极限，极易损坏指针。发生超限测量，一般是由于量程不合适造成。选择合适的量程或者在外部增加分压、分流措施都可以避免超限测量。

⑤不要让万用表长期工作于测量电阻状态。万用表仅在测量电阻时消耗电池。因此，为了让万用表电池工作更长的时间，在不使用万用表时，一般应将量程转换开关置于直流或者交流500V挡。

⑥测量完毕，应将量程选择开关调到最大电压挡，防止下次开始测量时不慎烧坏万用表。如果长期不使用，还应将万用表内部的电池取出来，以免电池腐蚀表内其他器件。

⑦不要随意调节机械调零。测量电阻时需要调节调零电位器，是因为不同的电阻挡位需要不同的附加电阻，并且电池电压一直在变化。而机械调零在出厂调好后，一般不需要调整。因此，不要随意调节机械调零。

⑧在测量某一电量时，不能在测量的同时换挡，尤其是在测量高电压或大电流时，更应注意。否则，会使万用表毁坏。如需换挡，应先断开表笔，换挡后再去测量。

⑨在万用表测量高电压时，务必注意不要接触高压。万用表的表笔脱离表体、导线漏电等，都有可能导致触电。因此，在测量高电压时，测试者一定要保持高度警觉。

2. 数字式万用表的使用

现在，数字式测量仪表已成为主流，有取代模拟式仪表的趋势。与模拟式仪表相比，数字式仪表灵敏度高，准确度高，显示清晰，过载能力强，便于携带，使用更简单。下面以VC9802型数字万用表为例，简单介绍其使用方法和注意事项。

VC9802型数字万用表具有多种功能，可以测量交直流电压/电流、电阻、电容、频率、电路通断及自动极性显示、超量程提示、电池低电压提示、测量参数、过载保护等功能。具有大屏幕显示、字迹清楚、防磁、抗干扰能力强等特点。

图A-3　VC9802型数字万用表

基本功能	量程
直流电压	200mV/2V/20V/200V/1000V
交流电压	2V/20V/200V/750V
直流电流	20mA/200mA/20A
交流电流	20mA/200mA/20A
电阻	200Ω/2kΩ/20kΩ/200kΩ/2MΩ/200MΩ
电容	20nF/200nF/2μF/200μF

（1）使用方法。

①使用前，应认真阅读有关的使用说明书，熟悉电源开关、量程开关、插孔、特殊插口的作用。

②将电源开关置于 ON 位置。

③交直流电压的测量：根据需要将量程开关拨至 DCV（直流）或 ACV（交流）的合适量程，红表笔插入 V/Ω 孔，黑表笔插入 COM 孔，并将表笔与被测线路并联，读数即显示。

④交直流电流的测量：将量程开关拨至 DCA（直流）或 ACA（交流）的合适量程，红表笔插入 mA 孔（<200mA 时）或 10A 孔（>200mA 时），黑表笔插入 COM 孔，并将万用表串联在被测电路中即可。测量直流量时，能自动显示极性。

⑤电阻的测量：将量程开关拨至 Ω 的合适量程，红表笔插入 V/Ω 孔，黑表笔插入 COM 孔。如果被测电阻值超出所选择量程的最大值，万用表将显示"1"，这时应选择更高的量程。测量电阻时，红表笔为正极，黑表笔为负极，这与指针式万用表正好相反。

因此，测量晶体管、电解电容器等有极性的元器件时，必须注意表笔的极性。

（2）使用注意事项。

①如果无法预先估计被测电压或电流的大小，则应先拨至最高量程挡测量一次，再视情况逐渐把量程减小到合适位置。测量完毕，应将量程开关拨到最高电压挡，并关闭电源。

②满量程时，仪表仅在最高位显示数字"1"，其他位均消失，这时应选择更高的量程。

③测量电压时，应将与被测电路并联。测电流时应与被测电路串联，测直流量时不必考虑正、负极性。

④当误用交流电压挡去测量直流电压，或者误用直流电压挡去测量交流电压时，显示屏将显示"000"，或低位上的数字出现跳动。

⑤禁止在测量高电压（220V 以上）或大电流（0.5A 以上）时换量程，以防止产生电弧，烧毁开关触点。

⑥当显示 ⊟、BATT 或 LOW BAT 时，表示电池电压低于工作电压。

3. 指针表和数字表的选用

（1）指针表读取精度较差，但指针摆动的过程比较直观，其摆动速度幅度有时也能比较客观地反映了被测量的大小（比如测电视机数据总线（SDL）在传送数据时的轻微抖动）；数字表读数直观，但数字变化的过程看起来很杂乱，不太容易观看。

（2）指针表内一般有两块电池，一块低电压的 1.5V，一块是高电压的 9V 或 15V，其黑表笔相对红表笔来说是正端。数字表则常用一块 6V 或 9V 的电池。在电阻挡，指针表的表笔输出电流相对数字表来说要大很多，用 R×1Ω 挡可以使扬声器发出响亮的"哒"声，用 R×10kΩ 挡甚至可以点亮发光二极管（LED）。

（3）在电压挡，指针表内阻相对数字表来说比较小，测量精度相比较差。某些高电压微电流的场合甚至无法测准，因为其内阻会对被测电路造成影响（比如在测电视机显像管的加速级电压时测量值会比实际值低很多）。数字表电压挡的内阻很大，至少在兆欧级，对被测电路影响很小。但极高的输出阻抗使其易受感应电压的影响，在一些电磁干扰比较强的场合测出的数据可能是虚的。

（4）总之，在相对来说大电流高电压的模拟电路测量中适用指针表，比如电视机、音响功放。在低电压小电流的数字电路测量中适用数字表，比如 BP 机、手机等。不是绝对的，可根据情况选用指针表和数字表。

B. 常用集成电路管脚图

一、集成运算放大器

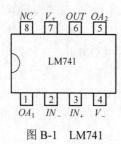

图 B-1　LM741

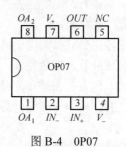

图 B-2　LM324

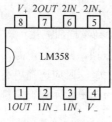

图 B-3　LM358

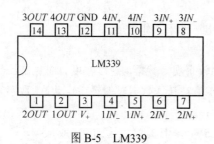

图 B-4　0P07

二、集成比较器

图 B-5　LM339

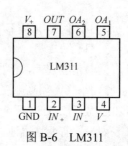

图 B-6　LM311

三、集成功率放大器

图 B-7　LM386

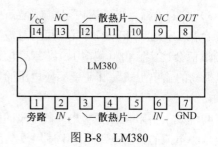

图 B-8　LM380

四、555 时基电路

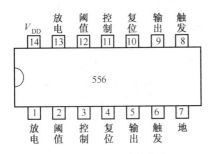

图 B-9　556 双时基电路

图 B-10　555 时基电路

五、74 系列 TTL 集成电路

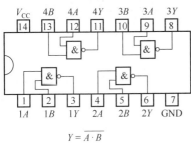

$$Y = \overline{A \cdot B}$$

图 B-11　74LS00 四 2 输入正与非门

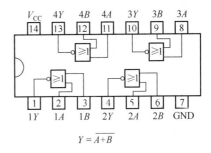

$$Y = \overline{A + B}$$

图 B-12　74LS02 四 2 输入正或非门

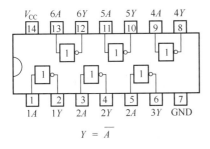

$$Y = \overline{A}$$

图 B-13　74LS04 六反相器

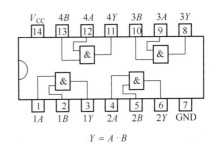

$$Y = A \cdot B$$

图 B-14　74LS08 四 2 输入正与门

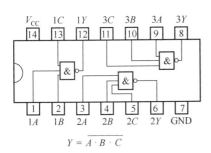

$$Y = \overline{A \cdot B \cdot C}$$

图 B-15　74LS10 三 3 输入正与非门

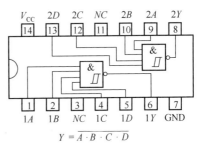

$$Y = \overline{A \cdot B \cdot C \cdot D}$$

图 B-16　74LS13 双 4 输入正与非门
（有施密特触发器）

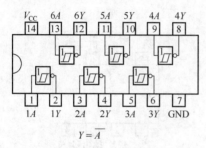

$$Y = \overline{A}$$

图 B-17 74LS14 六反相器施密特触发器

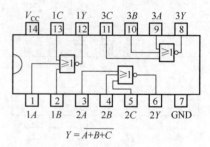

$$Y = \overline{A+B+C}$$

图 B-18 74LS27 三输入正或非门

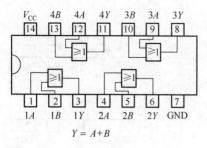

$$Y = A+B$$

图 B-19 74LS32 四 2 输入正或门

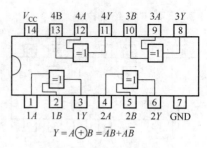

$$Y = A\oplus B = \overline{A}B + A\overline{B}$$

图 B-20 74LS86 四异或门

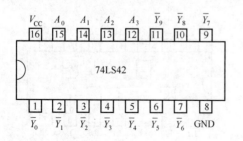

图 B-21 74LS42、74145 4 线—10 线译码器

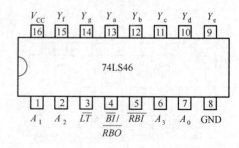

图 B-22 74LS 46、47、48、247、248249 BCD
七段译码器/驱动器

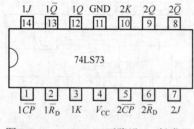

图 B-23 74LS73 双下降沿 JK 触发器

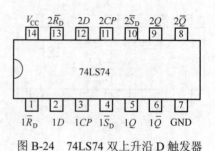

图 B-24 74LS74 双上升沿 D 触发器

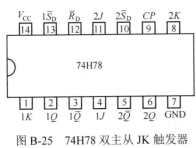

图 B-25　74H78 双主从 JK 触发器
（公共时钟、公共清除）

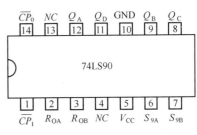

图 B-26　74LS90 十进制异步加计数器

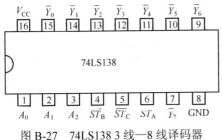

图 B-27　74LS138 3 线—8 线译码器

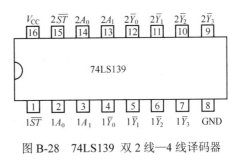

图 B-28　74LS139 双 2 线—4 线译码器

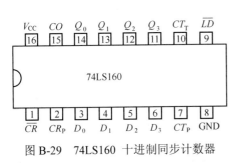

图 B-29　74LS160 十进制同步计数器

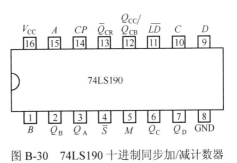

图 B-30　74LS190 十进制同步加/减计数器

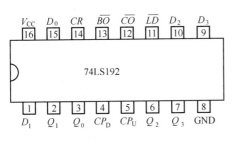

图 B-31　74LS192 十进制同步加/
减计数器（双时钟）

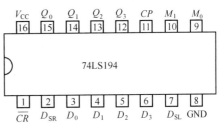

图 B-32　74LS194 4 位双向移位
寄存器（并行存取）

六、CMOS 集成电路

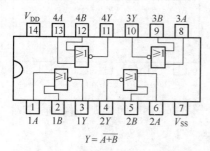

图 B-33 4001 四 2 输入正或非门

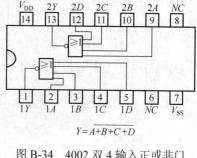

图 B-34 4002 双 4 输入正或非门

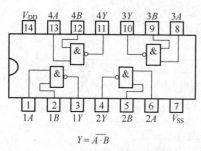

图 B-35 4011 四 2 输入正与非门

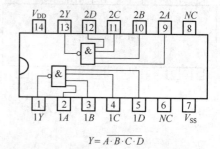

图 B-36 4012 双 4 输入正与非门

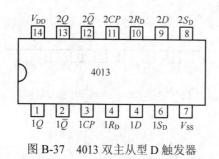

图 B-37 4013 双主从型 D 触发器

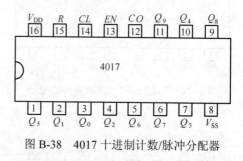

图 B-38 4017 十进制计数/脉冲分配器

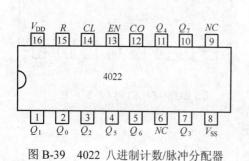

图 B-39 4022 八进制计数/脉冲分配器

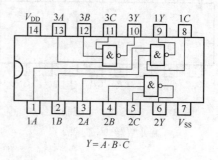

图 B-40 4023 三 3 输入正与非门

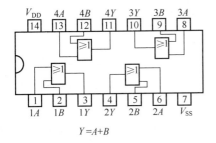

$$Y = A + B$$

图 B-41　4071 四输入正或门

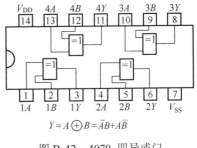

$$Y = A \oplus B = \overline{A}B + A\overline{B}$$

图 B-42　4070 四异或门

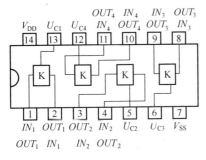

图 B-43　4066 四双向模拟开关

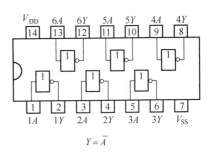

$$Y = \overline{A}$$

图 B-44　4069 六反相器

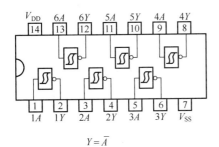

$$Y = \overline{A}$$

图 B-45　40106 六施密特触发器

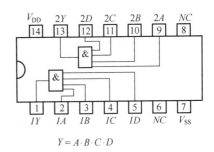

$$Y = \overline{A \cdot B \cdot C \cdot D}$$

图 B-46　4082 双 4 输入正与门

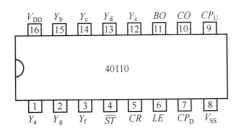

图 B-47　40110 计数/锁存/七段译码/驱动器

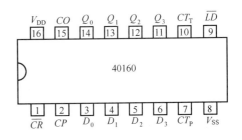

图 B-48　40160 十进制同步计数器

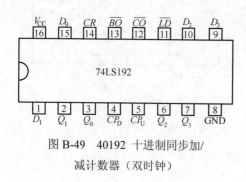

图 B-49　40192 十进制同步加/
减计数器（双时钟）

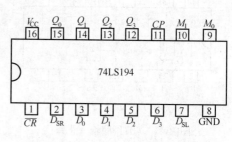

图 B-50　40194 双向移位寄存器
（并行存取）

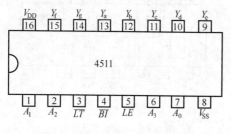

图 B-51　4511 二进制七段译码器

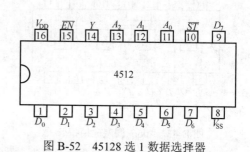

图 B-52　45128 选 1 数据选择器

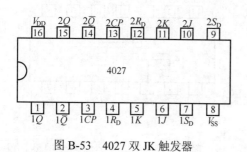

图 B-53　4027 双 JK 触发器

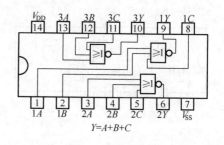

图 B-54　4025 三 3 输入正或非门

C.　示波器的使用

示波器是一种用途很广的电子测量仪器，它既能直接显示电信号的波形，又能对电信号进行各种参数的测量。下面以 GOS-620 双踪示波器为例，简要介绍示波器的使用。如图 C-1 所示为 GOS-620 双踪示波器的面板示意图。

GOS-620 双轨迹示波器面板布局图如图 C-2 所示。

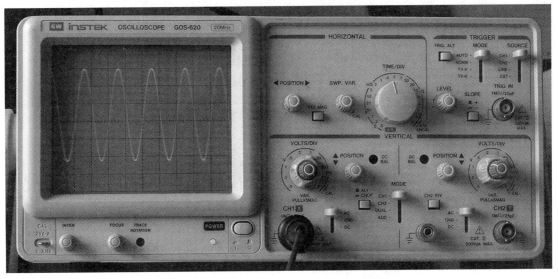

图 C-1　GOS-620 双踪示波器的面板示意图

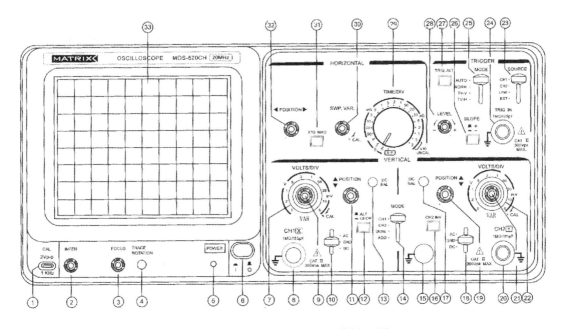

图 C-2　GOS-620 双轨迹示波器面板布局图

1. 前面板说明

（1）CRT。

⑥——电源：主电源开关，当此开关开启时二极管⑤发亮。

②——亮度：调节轨迹或亮点的亮度。

③——聚焦：调节轨迹或亮点的聚焦。

④——轨迹旋转：半固定的电位器来调整水平轨迹与刻度线平行。

㉝——滤色片：使波形看起来更加清晰。

（2）垂直轴。

⑧——CH1（X）输入：在 X-Y 模式下，作为 X 轴输入端。

⑳——CH2（Y）输入：在 X-Y 模式下，作为 Y 轴输入端。

⑩、⑱——AC-GND-DC：选择垂直输入信号的输入方式。

AC：交流耦合。

GND：垂直放大器的输入接地，输入端断开。

DC：直流耦合。

⑦、㉒—— 垂直衰减开关：调节垂直偏转灵敏度从 5mV/div～5V/div 分 10 挡。

⑨、㉑—— 垂直微调：微调灵敏度大于或等于 1/2.5 标示值。

⑬、⑰—— CH1 和 CH2 的 DC BAL：这两个用于衰减器的平衡调试。

⑪、⑲—— ▼▲垂直位移：调节光迹在屏幕上的垂直位置。

⑭—— 垂直方式：选择 CH1 与 CH2 放大器的工作模式。

CH1 或 CH2：通道 1 或通道 2 单独显示。

DUAL：两个通道同时显示。

ADD：显示两个通道的代数和 CH1+CH2。按下 CH2 INV⑯按键，为代数差 CH1-CH2。

⑫—— AT/CHOP：在双踪显示时，放开此键，表示通道 1 与通道 2 交替显示（通常用于扫描速度较快的情况下）；当此键按下时，通道 1 与通道 2 同时继续显示（通常用于扫描速度较慢的情况下）。

⑯——CH2 INV：通道 2 的信号反向，当此键按下时，通道 2 的信号以及通道 2 的触发信号同方向。

（3）触发。

㉔——外触发输入端子：用于外部触发信号。当使用该功能时，开关㉓应设置在 EXT 位置上。

㉓——触发源选择：选择内（INT）或外（EXT）触发。

CH1：当垂直方式选择开关⑭设定在 DUAL 或 ADD 状态时，选择通道 1 作为内部触发信号源。

CH2：当垂直方式选择开关⑭设定在 DUAL 或 ADD 状态时，选择通道 2 作为内部触发信号源。

LINE：选择交流电源作为触发信号。

EXT：外部触发信号接于㉔作为触发信号源。

㉗——TRIG.ALT 当垂直方式选择开关⑭设定在 DUAL 或 ADD 状态时，而且触发源开关㉓选在通道 1 或通道 2 上，按下㉗时，它会交替选择通道 1 和通道 2 作为内触发信号源。

㉖—— 极性：触发信号的极性选择。"＋"上升沿触发，"－"下降沿触发。

㉘—— 触发电平：显示一个同步稳定的波形，并设定一个波形的起始点。向"＋"旋转触发电平向上移，向"－"旋转触发电平向下移。

㉕—— 触发方式：选择触发方式。

AUTO：自动，当没有触发信号输入时扫描处在自由模式下。

NORM：常态，当没有触发信号时，踪迹处在待命状态并不显示。

TV—V：电视场，当想要观察一场的电视信号时。

TV—H：电视行，当想要观察一行的电视信号时（仅当同步信号为负脉冲时，方可同步电视场和电视行信号），可选择此方式。

㊴——触发电平锁定：将触发电平旋钮㉘向顺时针方向转到底听到"咔嗒"一声后，触发电

平被锁定在一固定电平上，这时改变扫描速度或信号幅度，不再需要调节触发电平即可获得同步信号。

（4）时基。

㉙——水平扫描速度开关：扫描速度可以分 20 挡，从 0.2μs/div 到 0.5s/div。当设置到 X-Y 位置时可用作 X-Y 示波器。

㉚——水平微调：微调水平扫描时间，使扫描时间被校正到与面板上 TIME/DIV 指示一致。TIME/DIV 扫描速度可连续变化。当反时针旋转到底为校正位置。整个延时可达 2.5 倍以上。

㉜—— ➜ ◀ 水平位移：调节光迹在屏幕上的水平位置。

㉛—— 扫描扩展开关：按下时扫描速度扩展 10 倍。

（5）其他。

①——CAL：提供幅度为 2Vp-p 频率、1kHz 的方波信号，用于校正 10:1 探头的补偿电容器和检测示波器垂直与水平的偏转因数。

⑮—— GND：示波器机箱的接地端子。

2. 单一频道基本操作法

本节以 CH1 为范例，介绍单一频道的基本操作法。CH2 单频道的操作程序是相同的，仅需注意要改为设定 CH2 栏的旋钮及按键组。插上电源插头之前，请务必确认后面板上的电源电压选择器已调至适当的电压文件位。确认之后，请依照表 C-1，顺序设定各旋钮及按键。

表 C-1　项目设定

项目			设定
POWER	⑥		OFF 状态
INTEN	②		中央位置
FOCUS	③		中央位置
VERT MODE	⑭		CH1
ALT/CHOP	⑫		凸起（ALT）
CH2 INV	⑯		凸起
POSITION ⬍	⑪	⑲	中央位置
VOLTS/DIV	⑦	㉑	0.5V/DIV
VARIABLE	⑨	㉒	顺时针转到底 CAL 位置
AC-GND-DC	⑩	⑱	GND
SOURCE	㉓		CH1
SLOPE	㉖		凸起（+斜率）
TRIG. ALT	㉗		凸起
TRIGGER MODE	㉕		AUTO
TIME/DIV	㉙		0.5mSec/DIV
SWP. VAR	㉚		顺时针到底 CAL 位置
◀ POSITION ▶	㉜		中央位置
×10 MAG	㉛		凸起

按照上表设定完成后，请插上电源插头，继续下列步骤：

（1）按下电源开关⑥，并确认电源指示灯⑤亮起。约 20 秒后 CRT 显示屏上应会出现一条轨迹，若在 60 秒之后仍未有轨迹出现，请检查上列各项设定是否正确。

（2）转动 INTEN②及 FOCUS③钮，以调整出适当的轨迹亮度及聚焦。

（3）调 CH1 POSITION 钮⑪及 TRACE ROTATION④，使轨迹与中央水平刻度线平行。

（4）将探棒连接至 CH1 输入端⑧，并将探棒接上 2Vp-p 校准信号端子①。

（5）将 AC-GND-DC⑩置于 AC 位置，此时，CRT 上会显示如图 C-3 所示的波形。

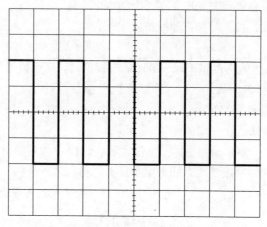

图 C-3   CRT 上显示的波形

（6）调整 FOCUS③钮，使轨迹更清晰。

（7）欲观察细微部份，可调整 VOLTS/DIV⑦及 TIME/DIV㉙钮，以显示更清晰的波形。

（8）调整 ⬍POSITION⑪及 ◀ POSITION ▶㉜钮，以使波形与刻度线齐平，并使电压值（Vp-p）及周期（T）易于读取。

3. 双频道操作法

双频道操作法与单一频道基本操作法的步骤大致相同，仅需按照下列说明略作修改。

（1）将 VERT MODE⑭置于 DUAL 位置。此时，显示屏上应有两条扫描线，CH1 的轨迹为校准信号的方波；CH2 则因尚未连接信号，轨迹呈一条直线。

（2）将探棒连接至 CH2 输入端⑳，并将探棒接上 2Vp-p 校准信号端子①。

（3）按下 AC-GND-DC 置于 AC 位置，调 ⬍POSITION 钮⑪⑲，以使两条轨迹同时显示。如图 C-4 所示。

当 ALT/CHOP 放开时（ALT 模式），则 CH1&CH2 的输入讯号将以交替扫描方式轮流显示，一般使用于较快速之水平扫描文件位；当 ALT/CHOP 按下时（CHOP 模式），则 CH1&CH2 的输入讯号将以大约 250kHz 斩切方式显示在屏幕上，一般使用于较慢速之水平扫描文件位。

在双轨迹（DUAL 或 ADD）模式中操作时，SOURCE 选择器㉓必须拨向 CH1 或 CH2 位置，选择其一作为触发源。若 CH1 及 CH2 的信号同步，二者的波形皆会是稳定的；若不同步，则仅有选择器所设定之触发源的波形会稳定，此时，若按下 TRIG. ALT 键㉗，则两种波形皆会同步稳定显示。

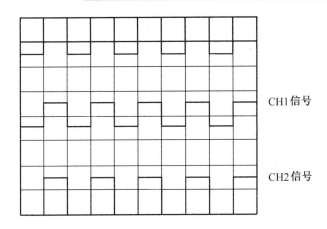

CH1信号

CH2信号

图 C-4　CRT 上显示的波形

注意：请勿在 CHOP 模式时按下 TRIG. ALT 键，因为 TRIG. ALT 功能仅适用于 ALT 模式。

4. ADD 操作

将 MODE 选择器⑭置于 ADD 位置时，可显示 CH1 及 CH2 信号相加之和；按下 CH2 INV 键⑯，则会显示 CH1 及 CH2 信号之差。为求得正确的计算结果，事前请先以 VAR. 钮⑨㉑将两个频道的精确度调成一致。任一频道的 ⬍POSITION 钮皆可调整波形的垂直位置，但为了维持垂直放大器的线性，最好将两个旋钮都置于中央位置。

D. EWB 仿真软件介绍

Electronics WorkBench（简称 EWB），中文又称电子工程师仿真工作室。该软件是加拿大交换图像技术有限公司（INTERACTIVE IMAGE TECHNOLOGIES Ltd）在 90 年代初推出的 EDA 软件。

在众多的应用于计算机上的电路模拟 EDA 软件中，EWB 软件就像一个方便的实验室。相对其他 EDA 软件而言，它是一个只有几兆的小巧 EDA 软件。而且功能也较单一、似乎不太可能成为主流的 EDA 软件形象，也就是用于进行模拟电路和数字电路的混合仿真。

但是，EWB 软件的仿真功能十分强大，近似 100%地仿真出真实电路的结果。而且，它就像在实验室桌面或工作现场那样提供了示波器、信号发生器、扫频仪、逻辑分析仪、数字信号发生器、逻辑转换器、万用表等广播电视设备设计、检测与维护必备的仪器、仪表工具。EWB 软件的器件库中则包含了许多国内外大公司的晶体管元器件，集成电路和数字门电路芯片。器件库没有的元器件，还可以由外部模块导入。

EWB 软件是众多的电路仿真软件中最易上手的。它的工作界面非常直观、原理图与各种工具都在同一个窗口内，即使是未使用过它的工程技术人员，稍加学习就可以熟练地应用该软件。EWB 软件，可以使你在许多电路设计、检测与维护中无须动用电烙铁就可以知道它的结果，而且若想更换元器件或改变元器件参数，只需点点鼠标即可。

电子工作平台的设计实验工作区好像一块"面包板"，在上面可建立各种电路进行仿真实验。电子工作平台的器件库可为用户提供 300 多种常用模拟和数字器件，设计和试验时可任意调用。虚拟器件在仿真时可设定为理想模式和实模式，有的虚拟器件还可直观显示，如发光二极管可以发出红绿蓝光，逻辑探头像逻辑笔那样可直接显示电路节点的高低电平，继电器和开关的触点可以分合动作，熔断器可以烧断，灯泡可以烧毁，蜂鸣器可以发出不同音调的声音，电位器的触点可以按比例移动改变阻值。电子工作平台的虚拟仪器库存放着数字电流表、数字电压表、数字万用表、双通道 1000MHz 数字存储示波器、999MHz 数字函数发生器、可直接显示电路频率响应的波特图仪、16 路数字信号逻辑分析仪、16 位数字信号发生器等，这些虚拟仪器随时可以拖放到工作区对电路进行测试，并直接显示有关数据或波形。电子工作平台还具有强大的分析功能，可进行直流工作点分析，暂态和稳态分析，高版本的 EWB 还可以进行傅立叶变换分析、噪声及失真度分析、零极点和蒙特卡罗等多项分析。

使用 EWB 对电路进行设计和实验仿真的基本步骤是：①用虚拟器件在工作区建立电路；②选定元件的模式、参数值和标号；③连接信号源等虚拟仪器；④选择分析功能和参数；⑤激活电路进行仿真；⑥保存电路图和仿真结果。

1. EWB5.12 的安装和启动

EWB5.12 版的安装文件是 EWB512.EXE。新建一个目录 EWB5.12 作为 EWB 的工作目录，将安装文件复制到工作目录，双击运行即可完成安装。安装成功后，可双击桌面图标运行 EWB，如图 D-1 所示。

图 D-1　EWB 的图标

2. 认识 EWB 的界面

（1）EWB 的主窗口，如图 D-2 所示。

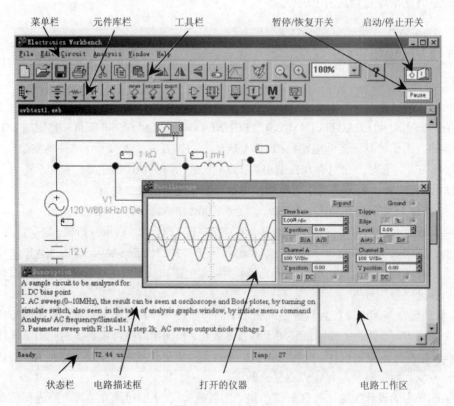

图 D-2　EWB 主窗口

（2）元件库栏，如图 D-3 所示。

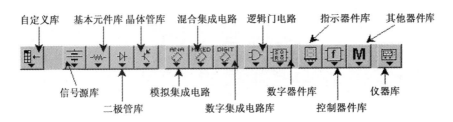

图 D-3　元件库栏

1）信号源库，如图 D-4 所示。

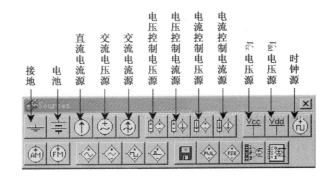

图 D-4　信号源库

2）基本器件库，如图 D-5 所示。

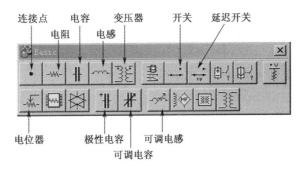

图 D-5　基本器件库

3）二极管库，如图 D-6 所示。

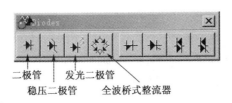

图 D-6　二极管库

4）模拟集成电路库，如图 D-7 所示。

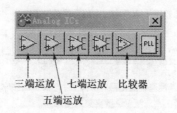

Analog ICs
PLL
三端运放
七端运放
比较器
五端运放

图 D-7　模拟集成电路库

5）指示器件库，如图 D-8 所示。

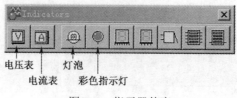

Indicators
V
A
电压表
灯泡
电流表
彩色指示灯

图 D-8　指示器件库

6）仪器库，如图 D-9 所示。

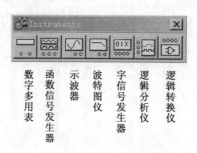

Instruments
01X
数字多用表
函数信号发生器
示波器
波特图仪
字信号发生器
逻辑分析仪
逻辑转换仪

图 D-9　仪器库

3. 虚拟模拟电路实验演示

下面让我们用 EWB 来做一个简单的虚拟模拟电路实验。

（1）放置器件，并调整其位置和方向。

启动 EWB，用鼠标单击电源器件库按钮打开电源器件库，将电池器件拖放到工作区，此时电池符号为红色，处于选中状态，可用鼠标拖动改变其位置，用旋转或翻转按钮使其旋转或翻转，单击工作区空白处可取消选择，单击元件符号可重新选定该元件，对选定的元件可进行剪切、复制、删除等操作。用同样方法在工作区中再放置接地端（电源器件）、小灯泡（指示器件）和万用表（虚拟仪器）各一个，如图 D-10 所示。

（2）设置器件属性。

双击电池符号，会弹出电池属性设置对话框，如图 D-11 所示，将 Value（参数值）选项卡中 Voltage（电压）项的参数改为 10V，单击“确定”按钮，工作区中元件旁的标示随之改变，用同样方法将小灯泡设置为 1W/10V。通过器件属性设置对话框中的其他选项卡还可以改变器件的标签、显示模式，以及给器件设置故障等。

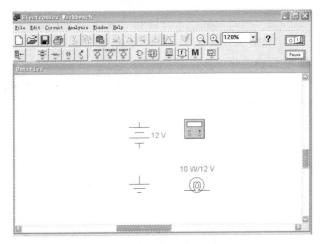

图 D-10　在工作区中放置器件

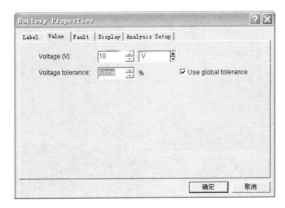

图 D-11　器件属性设置对话框

（3）连接电路。

把鼠标指向一个器件的接线端，这时会出现一个小黑点，拖动鼠标（按住左键，移动鼠标），使光标指向另一器件的接线端，这时又出现一个黑点，放开鼠标键，这两个器件的接线端就连接起来了。照此将工作区中的器件连成如图 D-12 所示的电路。值得注意的是，这时如果为了排列电路而移动其中一个器件，接线是不断开的。要断开连接线，可用鼠标指向有关器件的连接点，这时出现一个小黑点，拖动鼠标，连线即脱离连接点。

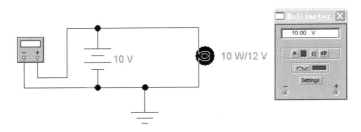

图 D-12　在工作区中连接电路

（4）观察实验现象，保存电路及仿真结果。

双击万用表符号，会弹出万用表面板，如图 D-12 所示。单击仿真开关，电路即被激活，开始仿真，可以看到小灯泡"亮"了，万用表显示屏中也显示出了电压测量结果。改变小灯泡耐压值为 1W/9V，开始仿真，会看到灯泡的灯丝被烧断了。

单击工具栏中的"保存"按钮会弹出"保存文件"对话框，选择路径并输入文件名，单击"确定"按钮可将电路保存为*.EWB 文件。

（5）示例电路的仿真。

可以打开已有的 EWB 文件重新编辑或仿真，在 EWB 工作目录下的 CIRCUITS 子文件夹下就存放有系统自带的示例文件。单击工具栏中的"打开"按钮，在弹出的"打开文件"对话框中选择示例文件 555-1.EWB，打开进行仿真，555③脚的输出波形如图 D-13 中示波器所示。我们可以尝试改变元件参数或仪器设置，观察不同的效果。

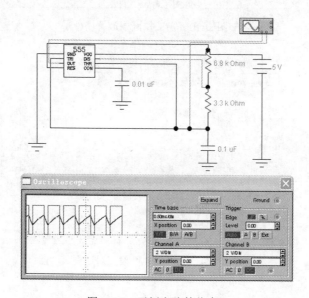

图 D-13　示例电路的仿真

4．EWB 上的虚拟器件

（1）EWB 系统器件。

EWB 上有 12 个系统预设的器件库，其中包括 146 种器件，每种器件又可被设置为不同的型号或被赋予不同的参数，若按型号来划分，其数量不可胜数，因此，我们只把常用器件列出，以备参考，如图 D-14 所示。

（2）器件属性的设置。

双击工作区中的器件，便会弹出器件属性设置对话框。前面我们已经初步认识了电池的属性设置对话框，其他器件的属性设置对话框与此相似，只不过个别项目会根据器件类别的不同而有所不同。下面我们再以三极管为例来看一下器件属性的设置。三极管的属性设置对话框共有 5 个选项卡，其中 Label 选项卡用来设置器件的显示标签和 ID 标号，Display 选项卡用来设置器件的显示项目，Analysis Setup 选项卡用来设置器件工作的环境温度。图 D-15 所示的是 Models 选项卡，用于选择器件的型号，还可以新建器件，或对选定器件进行删除、复制、重命名和参数的编辑设定。

- 电源器件库(Sources)

- 基本器件库(Basic)
- 二极管、三极管器件库(Diode 、Transistors)
- 指示器件库(Indicators)

图 D-14　EWB 上的虚拟器件

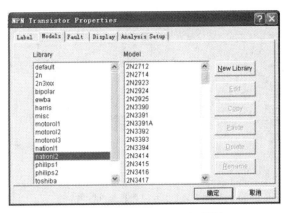

图 D-15　三极管属性设置对话框之一

如图 D-16 所示的是 Fault 选项卡,用于设置器件故障。不同的器件会有不同的故障类型,对于三极管,可以设置其任意两极为短路、开路或有一定的泄漏电阻,若选择 None,则为没有故障。

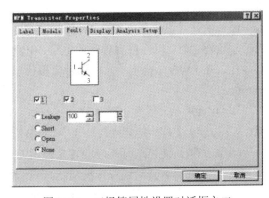

图 D-16　三极管属性设置对话框之二

（3）用户器件库的使用。

我们可以把一些常用的器件或电路模块保存在用户器件库中供以后使用时调用，从而可以避免重复，提高效率。要把系统器件库中的器件添加到用户器件库，可以在该器件的图标上单击鼠标右键，选择右键菜单中的 Add to favorites 即可。而要把电路模块作为器件添加到用户器件库中，则要通过分支电路来实现。下面以一个 RC 串并联网络为例来说明用户器件库的建立和使用方法。首先建立如图 D-17（a）所示的电路，并选中 R_1、C_1、R_2、C_2 以及接点 B 和 C（方法是按住 Shift 键的同时用鼠标单击各个器件，或用鼠标拖出一个包含被选器件的矩形区域即可），然后单击工具栏中的创建分支电路按钮（Create Subcircuit），弹出创建分支电路对话框，如图 D-17（b），输入分支电路名称，单击 Move from Circuit 按钮（其他按钮的作用请自己体会），弹出如图 D-17（c）所示的分支电路窗口，此时该分支电路已添加到了用户器件库，我们可以像调用其他器件一样调用它。

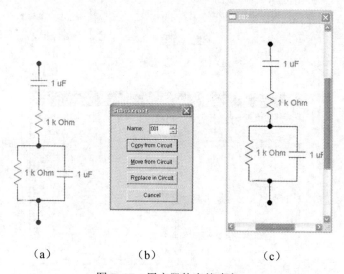

（a）　　　　（b）　　　　（c）

图 D-17　用户器件库的建立

值得注意的是，用户自定义器件是随着当前文件保存的，也就是说，在这个文件中定义的用户器件库只有在打开这个文件时有效，在其他文件中是找不到的，尽管如此，用户器件库的使用已经可以给我们带来很大的方便了。

5. EWB 上的虚拟仪器

虚拟仪器是一种具有虚拟面板的计算机仪器，主要由计算机和控制软件组成。操作人员通过图形用户界面用鼠标或键盘来控制仪器运行，以完成对电路的电压、电流、电阻及波形等物理量的测量，用起来几乎和真的仪器一样。在 EWB 平台上，共有 7 种虚拟仪器，下面分别作以介绍。

（1）数字万用表（Multimeter）。

数字万用表的虚拟面板如图 D-18 所示，这是一种 4 位数字万用表，面板上有一个数字显示窗口和 7 个按钮，分别为电流（A）、电压（V）、电阻（Ω）、电平（dB）、交流（～）、直流（－）和设置（Settings）转换按钮，单击这些按钮便可进行相应的转换。用万用表可测量交直流电压、电流、电阻和电路中两点间的分贝损失，并具有自动量程转换功能。利用设置按钮可调整电流表内阻、电压表内阻、欧姆表电流和电平表 0 dB 标准电压。虚拟万用表的使用方法与真实的数字万用表基本相同，其各个量程的测量范围如下：

电流表（A）量程：	0.01μA～999kA
电压表（V）量程：	0.01μV～999kV
欧姆表（Ω）量程：	0.001Ω～999MΩ
交流频率范围：	0.001Hz～9999MHz

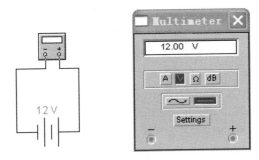

图 D-18　数字万用表的虚拟面板

（2）信号发生器（Function Generator）。

信号发生器是一种能提供正弦波、三角波和方波信号的电压源，它以方便而又不失真的方式向电路提供信号。信号发生器的电路符号和虚拟面板如图 D-19 所示。

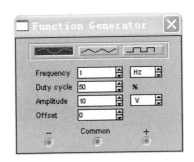

图 D-19　信号发生器的电路符号和虚拟面板

其面板上可调整的参数有：频率（Frequency）、占空比（Duty cycle）、振幅（Amplitude）、DC偏移（Offset）。

虚拟信号发生器有三个输出端："－"为负波形端，Common 为公共（接地）端、"＋"为正波形端。虚拟信号发生器的使用方法与实际的信号发生器基本相同。图 D-20 为信号发生器选择方波输出的接线及输出波形。

（3）示波器（Oscilloscope）。

示波器的电路符号和虚拟面板如图 D-21 所示，这是一种可用黑、红、绿、蓝、青、紫 6 种颜色显示波形的 1000MHz 双通道数字存储示波器。它工作起来像真的仪器一样，可用正边缘或负边缘进行内触发或外触发，时基可在秒至纳秒的范围内调整。为了提高测量精度，可卷动时间轴，用数显游标对电压进行精确测量。只要单击仿真电源开关，示波器便可马上显示波形，将探头移到新的测试点时可以不关电源。

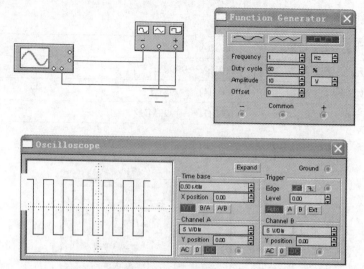

图 D-20　虚拟信号发生器选择方波输出的接线及输出波形

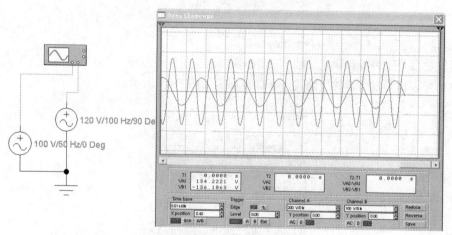

图 D-21　示波器的电路符号和虚拟面板

X 轴可左右移动，Y 轴可上下移动。当 X 轴为时间轴时，时基可在 0.01ns/div～1s/div 的范围调整。X 轴还可以作为 A 通道或 B 通道来使用，例如，Y 轴和 X 轴均输入正弦电压时，便可观察到李沙育图。A/B 通道可分别设置，Y 轴范围为 0.01mV/div～5kV/div，还可选择 AC 或 DC 两种耦合方式。虚拟示波器不一定要接地，只要电路中有接地元件便可。单击示波器面板上的 Expand 按钮，可放大屏幕显示的波形，还可以将波形数据保存，用以在图表窗口中打开、显示或打印。要改变波形的显示颜色，可双击电路中示波器的连线，设置连线属性。

（4）波特图仪（Bode Plotter）。

波特图仪能显示电路的频率响应曲线，这对分析滤波器等电路是很有用的。可用波特图仪来测量一个信号的电压增益（单位：dB）或相移（单位：度）。使用时仪器面板上的输入端 IN 接频率源，输出端 OUT 接被测电路的输出端。波特图仪的用法我们可以参考示例文件 VIDEO.EWB。

（5）数字信号发生器（Word Generator）。

数字信号发生器可将数字或二进制数字信号送入电路，用来驱动或测试电路。仪器面板的左边为数据存储区，每行可存储 4 位 16 进制数，对应 16 个二进制数，激活仪器后，便可将每行数据依次送入电路。仪器发出信号时，可在底部的引脚上显示每一位二进制数。为了改变存储区的数字，可用以下三种方法之一。

1）单击其中一个字的某位数码，直接键入 16 进制数（注意一个 16 进制数对应 4 位二进制数）。

2）先选择需要修改的行，然后单击 ASCII 文本框，直接键入 ASCII 字符（注意一个字符的 ASCII 码对应 8 位二进制数）。

3）选择需要修改的行，然后单击 Binary 文本框，直接修改每位二进制数。数字信号发生器的电路符号和虚拟面板如图 D-22 所示。

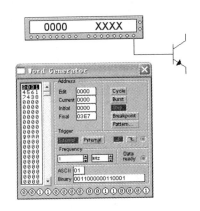

图 D-22　数字信号发生器的电路符号和虚拟面板

仪器面板上的项目还有：

- Edit——编辑指针所在行号。
- Current——当前行号。
- Initial——起始行号。
- Final——结束行号。
- Cycle——循环输出由起始行号和结束行号确定的数据。
- Burst——全部输出按钮，单击一次可依次输出由起始行号和结束行号确定的数据，完成后暂停。
- Step——单步输出按钮，单击一次可依次输出一行数据。
- Breakpoint——断点设置按钮，将当前行设为中断点，输出至该行时暂停。
- Pattern——模板按钮，单击调出预设模式选项对话框，对话框中各选项含义如下：
  - Clear buffer——清零按钮，单击可清除数据存储区的全部数字。
  - Open——打开*.DP 文件，将数据装入数据存储区。
  - Save——将数据区的数据以*.DP 的数据文件形式存盘，以便调用。
  - Up counter——产生递增计数数据序列。
  - Down counter——产生递减计数数据序列。
  - Shift right——产生右移位数据序列。
  - Shift left——产生左移位数据序列。
  - Trigger——触发方式设置。

> Frequency——时钟频率设置按钮，由数值升、数值降、单位升和单位降四个按钮组成，单击相应的按钮可将数字信号发生器的时钟频率设置为 lHz～999MHz。

另外，数字信号发生器还有一个外触发信号输入端和一个同步时钟脉冲输出端，其中同步时钟脉冲输出端 Data ready 可在输出数据的同时输出方波同步脉冲，这对研究数字信号的波形是很有用的。

（6）逻辑分析仪（Logic Analyzer）。

逻辑分析仪的电路符号和虚拟面板如图 D-23 所示，它能显示 16 路数字信号的逻辑电平，用于快速记录数字信号波形和对信号进行时间分析。仪器面板左边的 8 个小圆圈可显示每行信号的 8 位二进制数，像示波器那样，我们可调整其时基和触发方式，也可用数显游标对波形进行精确测量。逻辑分析仪的面板上还有停止和复位按钮 Stop 和 Reset，时钟设置按钮和触发方式设置按钮。另外，改变 Clocks per division 栏中的数据可在 X 方向上放大或缩小波形。

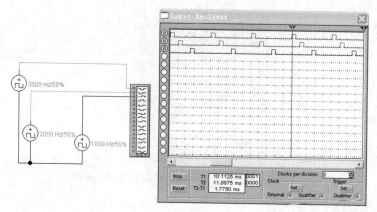

图 D-23　逻辑分析仪的电路符号和虚拟面板

（7）逻辑转换器（Logic Converter）。

逻辑转换器的虚拟面板如图 D-24 所示。目前世界上还没有与逻辑转换器类似的物理仪器。在电路中加上逻辑转换器可导出真值表或逻辑表达式；或者输入逻辑表达式，电子工作平台就会建立相应的逻辑电路。在仪器面板的上方，有 8 个输入端 A B C D E F G H 和一个输出端 OUT，单击输入端可在下边的窗口中显示出各个输入信号的逻辑组合（1 或 0）。在面板的右边排列着 6 个转换按钮（Conversions），分别是：从逻辑电路导出真值表、将真值表转换为逻辑表达式、化简逻辑表达式、从逻辑表达式导出逻辑电路和将逻辑电路转换为只用与非门的电路。使用时，将逻辑电路的输入端连接到逻辑转换器的输入端，输出端连接到输出端，只要符合转换条件，单击按钮即可完成相应的转换。

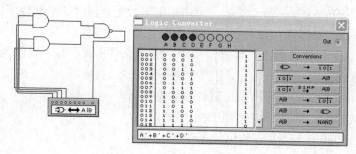

图 D-24　逻辑转换器的使用

另外，在电子工作平台的指示器件库中，还有虚拟电流表和电压表。虚拟电流表是一种自动转换量程、交直流两用的三位数字表，测量范围为 0.01μA～999kA，交流频率范围为 0.001Hz～9999MHz。这种优越的性能是实际的电流表无法相比的，更何况虚拟表的使用数量无限，想要多少都可以。虚拟电压表也是一种交直流两用的三位数字表，测量范围为 0.01μV～999kV，交流频率范围为 0.001Hz～9999MHz，这种电压表在电子工作平台上的使用数量也不限。在电流表和电压表的图标中，带粗黑线的一端为负极。双击它的图标，会弹出其属性设置对话框，用来设置标签、改变内阻、切换直流（DC）与交流（AC）测量方式等。

6. EWB 的菜单和命令

EWB 有一套比较完整的菜单系统，几乎所有的操作都可通过执行相应的菜单命令来实现，但是，和大多数 Windows 程序一样，许多操作也可通过快捷工具按钮、右键菜单、快捷键等方式来实现，前面我们已经用过多次了。对于一般的使用者，我们没有必要记住全部的操作方式，因此，这里只讲述前面涉及较少而又较常用的 Circuit（电路）和 Analysis（分析）菜单中的部分项目，其他的菜单命令请大家自己体会。

（1）Circuit（电路）菜单。

- Rotate：旋转。

- Flip Horizontal：水平翻转。

- Flip Vertical：垂直翻转。

- Component Properties：部件属性。

- Create Subcircuit：创建分支电路。

- Schematic Options：演示选项。

- Restrictions：限制条件。

（2）Analysis（分析）菜单。

- Activate：激活电路，开始仿真。

- Analysis Options：分析选项。

- DC Operating Point：直流工作点分析。

- AC Frequency：交流频率分析。

- Transient：瞬态分析。